Für Mama und Papa.
Weil ihr mir Wurzeln und
Flügel geschenkt habt.

Kai Meret Brieske

DAS GEMÜSE GARTEN 1 × 1

Das ultimative Nachschlagewerk

222 Fragen & Antworten von @Ernte-Experte

EMF

EIN BUCH DER
EDITION MICHAEL FISCHER

INHALT

49 IM GARTEN

73 SCHÄDLINGE & NÜTZLINGE

93 KRANKHEITEN

101 PFLANZEN

Vorwort

Im Garten gibt es keine strikten Regeln. Sicherlich gibt es viele ungeschriebene Gesetze, an die auch ich mich halte, aber ich liebe es auch, diese Regeln zu brechen, auszuprobieren und zu experimentieren. Ich lerne gerne aus Fehlern, und ich teile diese auch auf Social Media. Ein Garten ist perfekt un-perfekt, und das versuche ich mit meinem Content zu vermitteln.

Ich bin keine gelernte Gärtnerin, ich habe mir über die Jahre viel Wissen angeeignet, das ich gerne teile, und auch ich lerne immer noch dazu! Meine Learnings teile ich auf Social Media: Im Frühling 2024, genau zwei Jahre vor Veröffentlichung dieses Buches, habe ich meinen „ErnteExperte"-TikTok-Kanal erstellt, kurz darauf folgte mein Instagram-Kanal, ein Jahr später YouTube. Je höher die Follower*innenzahl anwuchs, desto mehr wuchs auch mein persönlicher Anspruch an die Videos. Ich begann, mir Gedanken um ein nachhaltigeres Konzept zu machen, wollte echten Mehrwert bringen, mein Wissen, das ich mir über viele Jahre angeeignet hatte, teilen, aber auch das Lebensgefühl, das ich am Gärtnern so liebe: die Freiheit!

In diesem Buch findest du eine Sammlung von Themen und Fragen, die mir fast täglich von meiner Online-Community zugesendet werden. Ich habe mir Mühe gegeben, alle diese Fragen und Themen zu kategorisieren und zu beantworten, und hoffe, dass das Buch vielen Gärtner*innen als Nachschlagewerk dienen kann und den Einstieg ins Gärtnern erleichtert. Ich erhebe keinen Anspruch auf Vollständigkeit, aber ich habe mein Bestes gegeben, so viele Themen wie möglich aufzunehmen.

Jetzt noch ein persönliches Anliegen von mir und ein Kommentar zum Thema Social Media: Dort wird so häufig eine perfekte Welt verkauft, eine Welt, die eigentlich so überhaupt nicht mit meinem Bild vom Gärtnern übereinstimmt. Social Media kann Kreativität und Individualismus zerstören, indem es dieses eine Bild zeichnet und alle dazu ermutigt, es nachzumalen, statt ein eigenes Bild zu kreieren. Ich möchte euch dazu einladen, euren Garten nicht nach Pinterest und Instagram zu gestalten. Seid chaotisch, experimentiert, ärgert euch nicht über „hässliche" Ecken im Garten! Gärtnert auch, wenn ihr keinen eigenen Garten habt! Ein winziger Balkon oder eine Fensterbank kann mit etwas Fantasie zum Mini-Garten umgestaltet werden und erblühen! Ich hoffe, dass mein Buch als Leitfaden und Nachschlagewerk dabei helfen kann.

KAPITEL 1

ANZUCHT

Viele Gemüsepflanzen brauchen für einen guten Start ins Gartenjahr einen geschützten, hellen Ort, um in Ruhe wachsen zu können. Diese Anzucht im Warmen ist entscheidend, und es gibt vieles zu beachten. Nur so können die Jungpflanzen dann nach den letzten Frostnächten stark und gesund ins Beet gesetzt werden.

Saatgut

Was ist der Unterschied zwischen samenfest und F1-Hybrid?

Auf fast allen Saatgutverpackungen im Handel findet sich die Kennzeichnung „F1-Hybrid" oder „samenfest", doch was bedeutet das eigentlich?

F1-Hybrid-Saatgut stammt aus einer gezielten Züchtung verschiedener Elternpflanzen. Diese Hybride vereinen meist gewisse erwünschte Eigenschaften, zum Beispiel Resistenz gegen bestimmte Krankheiten, ein besonderes Aussehen oder eine hohe Ertragssicherheit. Aber das Saatgut dieser Pflanzen ist nicht dazu geeignet, es weiterzuverwenden, denn in der sogenannten F2-Generation (also im Folgejahr) spalten sich die Merkmale wieder auf. Die neuen Pflanzen zeigen dann oft Eigenschaften der ursprünglichen Elterngeneration auf und sind nicht keimfähig.

Samenfestes Saatgut hingegen lässt sich, wie der Name schon vermuten lässt, problemlos vermehren. Die Pflanzen aus diesem Saatgut bringen auch in den Folgejahren die gleichen Merkmale hervor wie die Elterngeneration.

Überlege dir beim Saatgutkauf also gut, was dein Ziel ist: Möchtest du eigenes Saatgut gewinnen? Dann achte auf samenfestes Saatgut. Möchtest du Pflanzen mit ganz bestimmten Eigenschaften, und es macht dir nichts aus, dass du das Saatgut jährlich neu kaufen musst? Dann kannst du zu F1-Hybriden greifen.

Warum eigentlich Bio-Saatgut?

Bio-Saatgut ist oft deutlich teurer als herkömmliches, doch warum lohnt es sich trotzdem, darauf zu achten? Wenn du in deinem Garten naturnah gärtnerst und auf den Einsatz von Pestiziden und künstlichem Dünger verzichtest, ist Bio-Saatgut die passende Wahl. Denn die Elternpflanzen von konventionellem Saatgut werden häufig unter Einsatz von chemischen Mitteln angebaut. Bio-Saatgut hingegen stammt aus ökologisch kontrolliertem Anbau. Zudem sind Bio-Sorten oft alte, robuste Sorten, die sich über Generationen auf natürliche Weise an Umweltbedingungen, Krankheiten und Schädlinge angepasst haben, ganz ohne Gentechnik.

Wo bekomme ich Saatgut her?

Saatgut wird vor allem im Frühling vielerorts angeboten, und es gibt kein Richtig oder Falsch. Wo du dein Saatgut kaufst, hängt ganz von deinen Zielen, Vorlieben und deinem Budget ab! Gartencenter, Baumärkte und Supermärkte bieten eine große Auswahl: Von samenfestem und F1-Hybrid-Saatgut bis hin zu Bio-Saatgut findest du hier alles. Wenn du gerne besondere oder seltene Sorten erkundest, sind Tauschbörsen eine tolle Option. Sowohl im Internet als auch auf organisierten Tauschbörsen in deiner Umgebung kannst du fündig werden.

TIPP Folge auf Social Media den Kleingartenvereinen in deiner Nähe. Dort werden oft Saatgut- und Jungpflanzentauschbörsen organisiert und angekündigt.

Kann ich selber Saatgut sammeln?

Pflanzen, die aus nachweislich samenfestem Saatgut gezogen wurden, eignen sich gut zur Saatgutgewinnung. Es gibt dazu unterschiedliche Vorgehensweisen. Du solltest dir jedoch über das Prinzip der Kreuzbestäubung bewusst sein (siehe Seite 17) und bei Kürbisgewächsen auf das Sammeln von Saatgut verzichten (siehe Seite 19).

TIPP Selbst gesammeltes Saatgut sollte immer mit dem Jahr der Ernte beschriftet werden. So lässt sich die Keimfähigkeit später besser einschätzen.

Wie sammle ich Saatgut von Früchten?

Lasse die Früchte vollständig ausreifen und sammle nur Saatgut von gesunden Früchten. Trockne die Samen sorgfältig, denn bei feuchtem Saatgut besteht Schimmelgefahr. Achte daher auch bei der Lagerung darauf, dass es an einem trockenen Ort aufbewahrt wird. Dies gilt grundsätzlich für jedes Saatgut.

TIPP Üblicherweise wird empfohlen, das Fruchtfleisch von den Samen zu trennen, bevor man sie trocknet und lagert. Ich mache es bei Tomaten anders: Ich gebe die Samen mitsamt „Glibber" auf ein Stück Küchenpapier, beschrifte es und lasse alles zusammen gründlich trocknen, bevor ich es samt Papier aufbewahre.

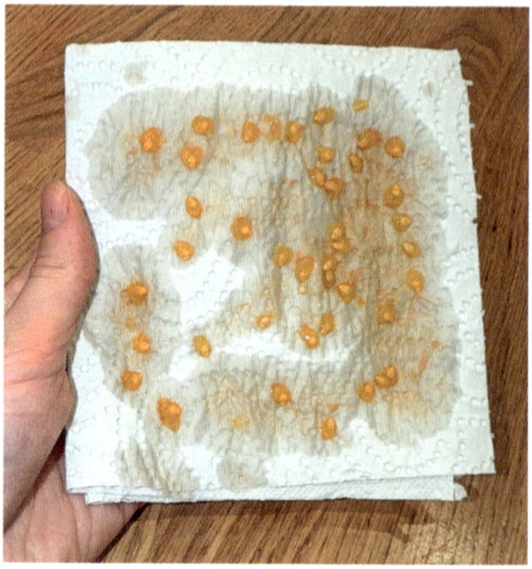

Saatgut von Tomaten

Wie sammle ich Saatgut von Blumen?

Bei vielen Blumen entwickeln sich die Samen im vertrockneten Blütenstand. Du kannst sie dort ganz einfach ernten. Das gilt zum Beispiel für Mohn, Kornblumen, Ringelblumen, Malven, Studentenblumen und viele andere.

Wie sammle ich Saatgut von blühendem Gemüse?

Salat, Kohl und Wurzelgemüse muss erst blühen, bevor du ihr Saatgut ernten kannst. Das geschieht automatisch, wenn du die Pflanze nicht aberntest. Nach einer gewissen Zeit bilden sich Blüten, aus denen später Schoten oder Samenkapseln entstehen. Sobald diese vollständig getrocknet sind, kannst du die Samen daraus entnehmen.

Schoten von Chinakohl und Blüten von Radieschen

Wie sammle ich Saatgut von Hülsenfrüchten?

Pflanzen wie Erbsen, Bohnen oder Linsen bilden gut erkennbare Hülsen oder Schoten, in denen die Samen heranreifen. Diese trocknen an der Pflanze und werden dann ähnlich wie bei blühendem Gemüse nach dem Trocknen entnommen. Wichtig ist es, die Hülsen wirklich vollständig ausreifen und trocknen zu lassen, bevor du sie erntest, um Schimmel vorzubeugen und eine gute Qualität deines Saatguts zu gewährleisten.

Kreuzbestäubung

Was ist Kreuzbestäubung?

Wenn du Saatgut selbst sammeln möchtest, auch wenn es sich um samenfestes Saatgut handelt, besteht die Gefahr, dass die Pflanzen aus dem gesammelten Saatgut im Folgejahr unerwünschte Eigenschaften zeigen. Das passiert, wenn durch Bestäuber wie Bienen oder Hummeln Pollen von einer Sorte auf eine andere übertragen wurde. Dieser Vorgang wird Kreuzbestäubung genannt.

Kreuzbestäubung findet in der Regel nur zwischen Pflanzen derselben Art innerhalb derselben Familie statt. Wichtig: Wenn eine Blüte durch Kreuzbestäubung befruchtet wird, zeigt sich das Ergebnis nicht in der Frucht selbst, diese bleibt sortentypisch. Erst wenn du die Samen dieser Frucht im nächsten Jahr aussäst, kann sich in den Pflanzen der neuen Generation das Ergebnis der Kreuzung zeigen, etwa durch veränderte Farbe, Form oder Geschmack der Früchte.

Wie funktioniert Kreuzbestäubung bei Kreuzblütlern?

Bei Kreuzblütlern wie Kohlrabi, Brokkoli oder Blumenkohl kann es zu Kreuzbestäubung kommen. Die genannten Pflanzen gehören zur gleichen Pflanzenart. Wenn mehrere davon gleichzeitig blühen, besteht die Gefahr, dass Pollen übertragen werden, was im Folgejahr zu unerwünschten Eigenschaften führen kann, wenn du das so entstandene Saatgut verwendest. Wenn du dieses Risiko umgehen möchtest, achte darauf, nur eine Sorte pro Pflanzenart blühen zu lassen, um eine Bestäubung durch Fremdpollen zu verhindern.

Wie funktioniert Kreuzbestäubung bei Nachtschattengewächsen?

Tomaten, Auberginen, Kartoffeln sowie Chilis und Paprikas gehören alle zur Pflanzenfamilie der Nachtschattengewächse. Chilis und Paprikas sind sogar von der gleichen Art, daher kann es durchaus vorkommen, dass du im Folgejahr eine scharfe Paprika erntest, wenn Chili- und Paprikapflanzen zuvor nah beieinanderstanden. In der Praxis passiert das jedoch selten, denn Paprika und Chili sind überwiegend Selbstbestäuber. Das bedeutet, dass sie sich meist mit ihrem eigenen Pollen bestäuben und nicht zwingend auf Insekten angewiesen sind. Eine Kreuzbestäubung kann aber unter bestimmten Bedingungen, etwa bei starker Insektenaktivität oder manuellem Bestäuben, trotzdem vorkommen.

Wie funktioniert Kreuzbestäubung bei Kürbisgewächsen?

Gurken, Melonen und Zucchini gehören alle zur Familie der Kürbisgewächse, zählen aber meist zu unterschiedlichen Arten. Einige Zucchini- und Kürbissorten gehören derselben Art an, und genau dann kann eine Kreuzbestäubung stattfinden.

Alle Kürbisgewächse sind Fremdbefruchter, also keine Selbstbestäuber. Deshalb kommt es bei ihnen relativ häufig zu Kreuzbestäubungen innerhalb derselben Art. Diese können ungewöhnlich aussehende Kreuzungen hervorbringen und im besonderen Fall auch gefährlich werden. Moderne Sorten wurden so gezüchtet, dass sie kaum Bitterstoffe enthalten. Kommt es jedoch zu einer unkontrollierten Kreuzung, kann der Bitterstoffgehalt in der nächsten Generation stark ansteigen. Die Früchte dieser Pflanzen können dann so viele Bitterstoffe enthalten, dass sie beim Menschen Übelkeit, Erbrechen und Durchfall auslösen und der Verzehr im schlimmsten Fall tödlich enden kann. Daher mein Tipp:

TIPP Sammle niemals Saatgut von Kürbissen, Gurken oder Zucchini, sondern kaufe jedes Jahr neues Saatgut. Das Geld, das man sich durch eigenes Sammeln spart, ist das Risiko für die eigene Gesundheit in meinen Augen nicht wert.

Blüte einer Zucchini

Saatgut keimen lassen

Was ist eine Keimprobe?

Um Enttäuschungen wegen einer geringen Keimrate vorzubeugen, empfiehlt sich bei altem oder selbst gesammeltem Saatgut eine Keimprobe. Dafür kannst du stichprobenartig mindestens zehn, idealerweise bis zu zwanzig Samen zwischen zwei feuchten Blättern Küchenpapier auslegen, abgedeckt mit einem Glas oder einer Folie. Das Ziel ist nicht, diese Samen später zu verwenden, sondern die Keimfähigkeit zu prüfen und bei der eigentlichen Aussaat keine Zeit zu verschwenden. Die Keimprobe sollte deshalb bereits einige Wochen vor dem geplanten Aussaattermin erfolgen, zum Beispiel zwischen Dezember und Februar. Keimen mehr als drei Viertel der Samen, kannst du das Saatgut wie gewohnt zur Aussaat verwenden. Keimen nur etwa die Hälfte, solltest du es entweder dichter säen oder eine deutlich größere Menge verwenden. Bei einer Keimrate unter 50 % ist der Erfolg ungewiss. In diesem Fall kann es sich lohnen, in frisches Saatgut zu investieren.

Woran kann es liegen, wenn das Saatgut nicht keimt?

Wenn Saatgut nicht keimt, kann das mehrere Ursachen haben. Je älter das Saatgut, desto geringer ist in der Regel die Keimrate. Überprüfe deshalb immer das Mindesthaltbarkeitsdatum, das auf den Saatguttütchen angegeben ist. Auch falsch gelagertes Saatgut, das zum Beispiel Feuchtigkeit oder Licht ausgesetzt war, kann seine Keimfähigkeit verlieren. Manche Arten brauchen allerdings einfach sehr lange zum Keimen: Paprika und Chili sind bekannt für ihre lange Keimdauer, das kann bis zu drei Wochen dauern!

TIPP Um die Keimdauer von Kürbisgewächsen zu verkürzen, kann vorsichtig die Spitze des Samens abgeschnitten werden. Das erleichtert dem Keimling das Durchbrechen der harten Schale.

Warum werden Samen in Kamillentee eingeweicht?

Viele Gärtner*innen schwören darauf, Saatgut vor dem Aussäen in Kamillentee einzuweichen. Das soll die Keimrate verbessern und durch die antifungalen Eigenschaften der Kamille die Jungpflanzen robuster machen. Wichtig ist mir an dieser Stelle zu betonen, dass es bislang kaum belastbare wissenschaftliche Belege dafür gibt, dass Kamille tatsächlich einen positiven Effekt auf Saatgut oder Keimlinge hat. Was allerdings stimmt, ist, dass das Einweichen von Saatgut in Wasser in vielen Fällen die Keimung beschleunigen kann. Negative Auswirkungen durch das Einweichen in Kamillentee sind mir bisher auch nicht bekannt. Wer es ausprobieren möchte, kann das also bedenkenlos tun, sollte sich aber keine zu großen Hoffnungen auf Wunderwirkungen machen.

Was ist eine Saatschnecke?

Eine platzsparende Methode zur Anzucht von Jungpflanzen ist die Saatschnecke. Das Prinzip funktioniert so: Du benötigst einen 20–30 cm breiten, beliebig langen Streifen aus flexiblem Material, zum Beispiel dicke Pappe, Zeitungspapier oder Schaumfolie. Auf diesen Streifen gibst du eine 2–3 cm dicke Schicht Anzuchterde und rollst ihn dann längs zu einer Spirale auf. Damit sie ihre Form behält, stellst du sie nun in einen großen Topf oder fixierst sie mit etwas Schnur. Nun wird dicht an dicht oben auf die Erde der Saatschnecke Saatgut verteilt. Die Pflanzen haben so viel Platz für ihr Wurzelwachstum nach unten, und du sparst dir den Aufwand, viele einzelne Anzuchttöpfe zu füllen und aufzustellen. Die Methode spart also nicht nur Platz, sondern auch Erde und Töpfe. Sie eignet sich gut für Pflanzen wie Tomaten, Paprika, Gurken, Kräuter oder Blumen. Sobald die Keimlinge groß genug sind, rollst du die Schnecke auf und entnimmst die einzelnen Pflänzchen.

Was sind Dunkelkeimer und Lichtkeimer?

Saatgut benötigt zum Keimen grundsätzlich immer Feuchtigkeit. Einige Samen keimen jedoch besser, wenn sie Licht und Sonne ausgesetzt sind, während andere Samen Dunkelheit brauchen, um den Keimungsprozess zu starten. Saatgut wird daher in Licht- und Dunkelkeimer unterteilt. Dunkelkeimer werden entweder einzeln in kleine Erdlöcher gesteckt oder in Saatrillen gesät, die anschließend mit Erde bedeckt werden. Lichtkeimer hingegen kommen auf die Erdoberfläche und sollten nicht mit Erde bedeckt werden. Es ist jedoch möglich und sogar empfehlenswert, eine sehr dünne Schicht aus lockerer Erde, Kokosfaser oder Vermiculit darüberzustreuen. Diese Schicht lässt noch ausreichend Licht hindurch, verhindert aber das Austrocknen der Samen. Eine gleichbleibende Feuchtigkeit ist wichtig, damit die Keimung erfolgreich verläuft.

Was sind Microgreens und Sprossen?

Die Begriffe Microgreens und Sprossen werden häufig synonym verwendet, tatsächlich gibt es jedoch einen kleinen Unterschied: Sprossen sind Keimlinge bestimmter Pflanzen, die ganz ohne Substrat wachsen, nur durch Einweichen und regelmäßiges Spülen mit Wasser. Sie werden samt Wurzel und teils noch mit Samenhülle verzehrt, meist noch vor oder kurz nach dem Öffnen der Keimblätter. Microgreens dagegen wachsen auf einem Substrat und werden etwas später, sobald sich die Keimblätter entfaltet oder sogar erste Laubblätter entwickelt haben, knapp über dem Substrat abgeschnitten. Sie werden ohne Wurzel gegessen. Beides sind schnelle und einfache Methoden, auch in den Wintermonaten frisches, nährstoffreiches Grün selbst anzubauen und zu genießen.

Samen in die Erde bringen

Welche Rolle spielt der richtige Abstand bei der Aussaat?

Der richtige Abstand spielt bei der Aussaat eine wichtige Rolle, denn wenn die Pflanzen zu eng stehen, machen sie sich gegenseitig Licht, Nährstoffe und Platz streitig. Das führt zu einem langsameren Wachstum, weniger Ertrag oder kleinen Früchten. Vor allem bei Wurzelgemüse ist der Abstand entscheidend, damit sich die Wurzeln ungestört entwickeln können, aber auch alle anderen Pflanzen profitieren vom richtigen Abstand. Es gibt jedoch einige Ausnahmen: Pflanzen, bei denen sich weder die Wurzeln noch die Blätter Konkurrenz machen, können von der Nähe zueinander profitieren. So kannst du zum Beispiel flach wurzelnde und niedrig wachsende Blumen unter hoch wachsende und tief wurzelnde Tomatenpflanzen setzen.

Was ist Horstsaat?

Als Horstsaat bezeichnet man die Methode, mehrere Samen dicht nebeneinander zu säen, also nicht im üblichen Pflanzabstand. Besonders bei Buschbohnen ist diese Methode weit verbreitet: Die Pflanzen stützen sich gegenseitig, sind besser vor Wind und Wetter geschützt und lassen sich leichter beernten. Aber auch bei Zwiebeln, Lauch und sogar Wurzelgemüse wie Radieschen und Roter Bete kann Horstsaat sinnvoll sein. Zwar bleiben die einzelnen Pflanzen oft etwas kleiner, da sie um Platz und Nährstoffe konkurrieren, doch es lassen sich auf derselben Fläche insgesamt wesentlich mehr Pflanzen kultivieren.

Was ist Markierungssaat?

Als Markierungssaat bezeichnet man Kulturen, die sich durch besonders schnelle Keimung und eine kurze Vegetationszeit auszeichnen. Sie werden häufig zwischen solche Kulturen gesät, die lange zum Keimen brauchen und erst spät geerntet werden. Das wohl bekannteste Beispiel für eine Markierungssaat ist das Radieschen. Es keimt innerhalb weniger Tage und ist bereits nach wenigen Wochen erntereif. Während der Keimphase zeigt es an, wo die Hauptkultur später wachsen wird. Da es früh geerntet wird, macht es rechtzeitig Platz für die langsam wachsende Hauptkultur, ohne mit ihr um Nährstoffe oder Platz zu konkurrieren. Auch Kresse oder Salate eignen sich als Markierungssaaten. Besonders bei Mohrrüben und verschiedenen Kohlsorten kann eine Markierungssaat sinnvoll sein.

Radieschen neben zwei Karotten-Keimlingen

Was sind Saatbänder?

Gerade bei feinem Saatgut wie dem von Karotten oder Frühlingszwiebeln hast du beim Kauf oft die Wahl zwischen Tütchen mit losen Samen und solchen mit Saatbändern. Saatbänder sind meist deutlich teurer als loses Saatgut. Dabei handelt es sich um lange Streifen aus dünnem Papier, in die das Saatgut in regelmäßigen Abständen eingearbeitet ist. Du legst das Band ins Beet, bedeckst es mit Erde, wässerst es, und schon bald wachsen die Pflanzen im idealen Abstand in einer ordentlichen Reihe. Das Papier zersetzt sich sehr schnell im Boden und ist später nicht mehr zu finden. Wer Saatbänder nutzt, spart sich das Ausdünnen der Keimlinge.

Wie kann ich Saatbänder selber machen?

Saatbänder kannst du ganz einfach selbst herstellen. Dafür nimmst du einen langen Streifen Toilettenpapier oder Küchenrolle und faltest ihn längs auf die gewünschte Breite. Aus Mehl und Wasser rührst du einen einfachen „Kleber" an, den du anschließend auf dem aufgeklappten Papier verteilst. Dann gibst du das Saatgut im richtigen Abstand auf den Kleber und klappst das Papier wieder zu. Nun muss das Ganze vollständig durchtrocknen, bevor du es an einem trockenen und dunklen Ort aufbewahrst, bis es zum Einsatz kommt. Beschrifte die Saatbänder am besten, damit du sie später nicht verwechselst.

Was ist gestaffelte Aussaat?

Bei Gemüsesorten, die sich nicht lange lagern lassen, aber regelmäßig frisch aus dem Garten geerntet werden sollen, lohnt sich eine gestaffelte Aussaat. Das bedeutet, dass du nicht alle Samen zur gleichen Zeit aussäst, sondern zeitversetzt jeweils nur so viele, wie du später gleichzeitig ernten willst. So kannst du zum Beispiel eine Reihe Radieschen aussäen und zwei Wochen später erst die zweite Reihe, damit nicht zu viele Radieschen auf einmal anfallen. Auch bei Salaten, Kohlrabi und Roter Bete ist dieser Ansatz besonders sinnvoll.

Was bedeutet Vorkultur und Direktsaat?

Vorkultur bedeutet, dass du die Jungpflanzen in einem vor Wind, Wetter und vor allem Kälte geschützten Raum vorziehst, also die Samen beispielsweise bei dir zu Hause auf der Fensterbank in die Erde bringst. Deutlich früher, als es im Freiland möglich wäre. Viele Pflanzen sind kälte- und frostempfindlich, daher kann die Vorkultur schon mehrere Wochen oder Monate vor dem Freilandaussaattermin beginnen. Der Vorteil an der Vorkultur ist, dass die Jungpflanzen bereits mit einem erheblichen Wachstumsvorsprung ins Beet gepflanzt werden und oft früher Früchte tragen. Im Gegensatz dazu kannst du manche Pflanzen direkt ins Freiland säen, ohne sie vorzuziehen. Das nennt man Direktsaat. Bei schnell wachsenden Arten lohnt sich die Vorkultur meist nicht. Einige Gärtner*innen verzichten generell ganz bewusst auf eine Vorkultur und haben lieber eine etwas spätere Ernte, aber dafür weniger Aufwand.

Wann kommt was in die Erde?

Auch wenn es allgemeingültige Aussaatzeitpunkte gibt, kann es immer sortenabhängige Unterschiede geben. Auf den Saatgutpackungen ist meist der ideale Aussaatzeitpunkt vermerkt, an dem du dich orientieren solltest.

	Vorkultur	Auspflanzen	Direktsaat
Aubergine*	Ab Februar	Nach den Eisheiligen	x
Basilikum	Ab März	Nach den Eisheiligen	Nach den Eisheiligen
Blumenkohl*	Ab Februar	Ab April	Ab April
Bohnen**	Ab April	Nach den Eisheiligen	Nach den Eisheiligen
Brokkoli*	Ab Februar	Ab April	Ab April
Chili & Paprika*	Ab Februar	Nach den Eisheiligen	x
Erbsen**	Ab Februar/ März	Ab März	Ab März
Feldsalat	Nicht empfohlen	x	Februar bis März oder ab Juli bis September***
Fenchel**	Ab März	Nach den Eisheiligen	Nach den Eisheiligen
Grünkohl**	Ab April	Nach den Eisheiligen	Nach den Eisheiligen
Gurken, Zucchini, Kürbis	Ab April	Nach den Eisheiligen	Nach den Eisheiligen
Karotten	Nicht empfohlen	x	Ab März
Kartoffeln	Vorkeimen ab März	Legen ab April	Legen ab April

	Vorkultur	Auspflanzen	Direktsaat
Kohlrabi	Ab März	Ab April	Ab April
Kopfsalat	Ab Februar	Ab April	Ab April
Petersilie	Ab Februar	Ab April	Ab März
Pflücksalat	Ab Februar	Ab April	Ab April
Physalis*	Ab Februar	Nach den Eis-heiligen	x
Radieschen	Nicht emp-fohlen	x	Ab März
Rosenkohl	Ab März	Ab April	Ab April
Rote Bete**	Ab März	Ab April	Ab April
Spinat**	Ab Februar	Ab März	Ab Februar und ab August
Steckzwiebeln	x	x	Ab März stecken
Tomaten*	ab März	nach den Eishei-ligen	x
Wirsing*	Ab Februar	Ab April	Ab April
Zwiebelgewächse (aus Samen)	Ab Februar	Ab April	Ab März

*Ich rate zur Vorkultur.

**Ich rate zur Direktsaat, da die Vorteile gegenüber einer Vorkultur hier gering sind.

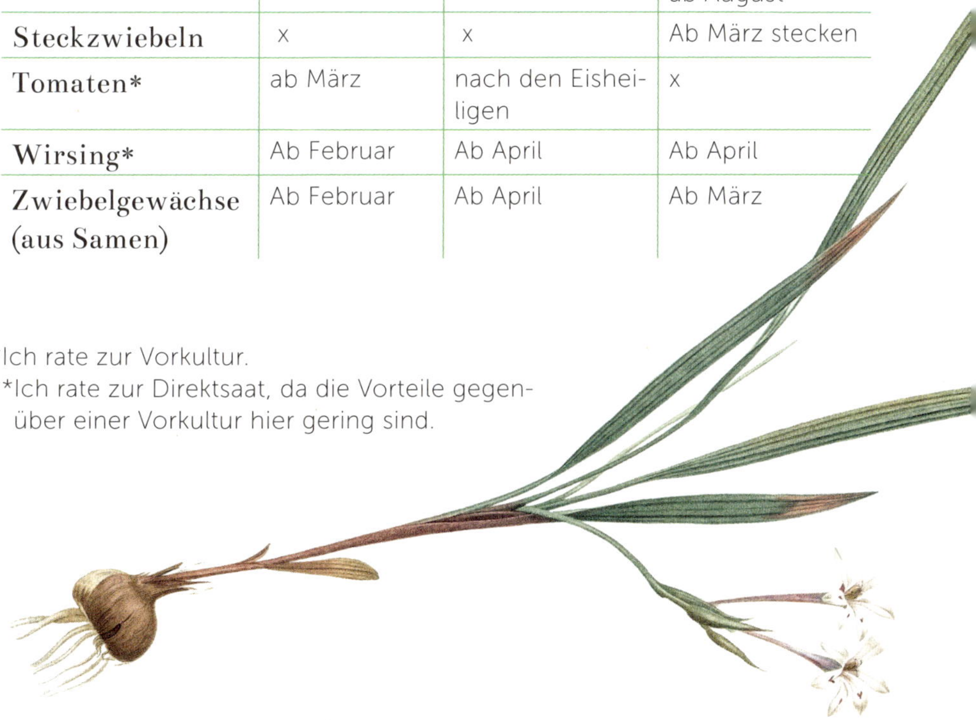

***TIPP Beim Feldsalat ist die Aussaat auch später noch möglich, der Salat überwintert dann im Beet.

Was kann ich tun, wenn ich den richtigen Pflanzzeitpunkt verpasst habe?

Wenn du das ideale Zeitfenster zur Aussaat verpasst hast, ist das kein Grund zur Sorge. Viele Gemüsesorten haben ein recht großes Zeitfenster. Gurken, Zucchini und Kürbisse werden meist ab Mitte April vorgezogen, du kannst sie aber guten Gewissens noch bis in den Juni direkt ins Beet säen. Die Ernte verschiebt sich dadurch lediglich etwas nach hinten. Bei hitzeempfindlichen Pflanzen wie Radieschen oder einigen Salaten lohnt sich ein Blick auf die Saatgutpackung: Einige Sorten neigen dazu, in die Blüte zu gehen, wenn sie zu spät ausgesät werden. Grundsätzlich gilt bei den meisten Gemüsearten: Selbst wenn du den Aussaattermin verpasst hast oder dir einige Jungpflanzen eingegangen sind, ist es völlig in Ordnung, im Gartencenter Jungpflanzen zu kaufen und ins Beet zu setzen. Schließlich geht es nicht darum, wer das Gemüse am frühesten selbst vorgezogen hat, sondern um die Freude am Gärtnern, und die stellt sich auch mit gekauften Pflanzen sicher ein.

Was sind die Eisheiligen?

Nach einer alten Bauernregel sollte frostempfindliches Gemüse wie Tomaten oder Gurken nicht vor den „Eisheiligen“ in den Garten gepflanzt werden. Als „Eisheilige“ bezeichnet man ein Wetterphänomen, das jedes Jahr Mitte Mai auftreten kann, zwischen dem 11. und 15. Mai, zu den Namenstagen von fünf katholischen Heiligen. Laut der Bauernweisheit ist in diesem Zeitraum die Gefahr von Spätfrost besonders hoch. Auch wenn es Ende April schon in den Fingern juckt, halte ich mich an die alte Regel und warte mit dem Auspflanzen meiner Jungpflanzen bis nach den Eisheiligen.

Keimlinge

Was bedeutet pikieren, und wie funktioniert es?

Pikieren nennt man es, wenn kleine Jungpflanzen, die zu dicht aneinanderstehen, vereinzelt und in größere Pflanzgefäße umgetopft werden, meist in nährstoffreichere Erde. Häufig werden mehrere Samen eng nebeneinander gesät, für den Fall, dass nicht alle Samen keimen. Sobald mehrere Keimlinge gleichzeitig aufgehen, stehen sie schnell viel zu eng und nehmen sich gegenseitig Licht, Platz und Nährstoffe. Beim Pikieren löst du die kräftigsten Keimlinge vorsichtig heraus und topfst sie um, sodass sie mehr Platz haben und sich gesund weiterentwickeln können. Der richtige Zeitpunkt zum Pikieren ist frühestens dann, wenn sich nach den Keimblättern das erste „richtige" Blattpaar entwickelt hat. Vorher sind die Pflänzchen noch zu empfindlich.

TIPP Fasse die Pflanze beim Pikieren immer am Blatt an, nicht am Stängel, denn der Stängel ist sehr empfindlich und kann leicht abknicken. Sollte das Blatt abreißen, ist das kein Problem, die Pflanze bildet neue Blätter.

Warum mehrmals umtopfen, statt gleich in einen großen Topf zu pflanzen?

Es ist üblich, Gemüsepflanzen zunächst in kleinen Anzuchttrays auszusäen und sie dann nach und nach in immer größere Töpfe umzusetzen. Dafür gibt es mehrere Gründe: Keimlinge sind sehr empfindlich. In kleinen Pflanzgefäßen kannst du die Bodenfeuchtigkeit besser kontrollieren, Fehler wie Übergießen oder Austrocknen kannst du so leichter erkennen und korrigieren. Zudem entwickeln Pflanzen häufig kräftigere Wurzeln, wenn sie weniger Platz haben. Sie beginnen früh, ein stabiles und kompaktes Wurzelsystem auszubilden, statt mit langen, faserigen Wurzeln ungerichtet in alle Richtungen zu wuchern. Mit jedem Umtopfen erhalten die Pflanzen Schritt für Schritt mehr Platz und frische, nährstoffreiche Erde. So können sie sich optimal entwickeln.

Was bedeutet ausdünnen?

Saatgut, das besonders fein ist, wird häufig einfach großflächig ausgesät, so zum Beispiel bei Karotten oder Radieschen. Sobald die Keimlinge ihre ersten echten Blattpaare entwickelt haben und etwa 5 cm hoch sind, stehen sie viel zu dicht beieinander und konkurrieren um Platz und Nährstoffe. Jetzt ist es Zeit zum Ausdünnen: Dabei werden so viele Pflanzen entfernt, bis der richtige Pflanzabstand erreicht ist. Die verbleibenden Pflanzen haben dadurch genug Raum für ein ungestörtes Wachstum. Die entfernten Pflanzen werden in der Regel entsorgt. Bei manchen Arten, wie zum Beispiel Radieschen, kannst du das Blattgrün der ausgedünnten Keimlinge aber auch im Salat verwenden.

Wie und wann sollte ich die Keimlinge gießen?

Während der Keimphase und bis zur Bildung der Keimblätter sollte die Erde konstant feucht gehalten werden, aber nicht triefend nass sein. Achte auf eine gleichmäßige Feuchtigkeit, ohne dabei Staunässe zu riskieren. Sobald die Keimlinge ihre ersten „richtigen" Blattpaare nach den Keimblättern entwickeln, kannst du die Erde trockener halten. Haben die Jungpflanzen drei oder mehr Blattpaare ausgebildet, lasse ich persönlich die Erde zwischen dem Gießen fast komplett austrocknen. Meiner Erfahrung nach härtet das die Pflanzen ab und regt das Wurzelwachstum an, denn die Pflanzen beginnen, aktiv nach Wasser zu suchen, und strecken ihre Wurzeln dafür in alle Richtungen. Natürlich solltest du dabei vorsichtig sein. Die Erde darf trocken sein, aber die Pflanze sollte nicht welken oder dauerhaft durstig bleiben.

Erde

Was ist Anzucht- und Kräutererde?

Diese Erde ist vergleichsweise nährstoffarm, wasserdurchlässig und damit weniger anfällig für Staunässe. Sie eignet sich besonders für Kräuter, die einen mageren Boden bevorzugen, und für Keimlinge, die keine Staunässe vertragen und nur wenig Nährstoffe benötigen.

Tatsächlich kann ein zu hoher Nährstoffgehalt Keimlingen sogar schaden: Ihre jungen Wurzeln sind noch zu schwach und können buchstäblich an den Nährsalzen „verbrennen". Daher eignet sich vorgedüngte Blumenerde nicht für die Gemüseanzucht.

Was ist Gemüse- und Tomatenerde?

Diese Erde ist meist nährstoffreich und mit Langzeitdünger versetzt, der speziell auf die Bedürfnisse vieler Gemüsepflanzen abgestimmt ist. Im Gegensatz zur leichten und lockeren Anzuchterde kann Gemüseerde, unter anderem durch Kompostbeimischung, deutlich schwerer sein. Sie sollte außerdem eine gute Wasserspeicherfähigkeit aufweisen, damit die Pflanzen ausreichend mit Feuchtigkeit versorgt werden. Etablierte Gemüsepflanzen sind weniger empfindlich als Keimlinge und daher auch weniger anfällig für Staunässe – Staunässe schadet aber auch ihnen und solltest du unbedingt vermeiden.

Warum ist manchmal Torf in der Erde enthalten?

Viele handelsübliche Gemüseerden enthalten Torf. Dieser ist ein natürlich vorkommendes Material, das aufgrund seiner Eigenschaften als attraktiv für den Gemüseanbau gilt. Allerdings werden beim Abbau von Torf die Moore zerstört, in denen er natürlicherweise vorkommt. Diese sind wertvolle Ökosysteme, die große Mengen Kohlenstoffdioxid speichern. Durch den Abbau wird dieses CO_2 freigesetzt und trägt zur Klimaerwärmung bei. Ich persönlich kann daher den Kauf torfhaltiger Erde nicht mit meinem Gewissen vereinbaren und empfehle torffreie Alternativen.

Was ist Kompost und Humus?

Kompost ist keine eigenständige Sorte von Erde, sondern ein Bodenverbesserer. Er entsteht durch die Zersetzung organischer Materialien wie Pflanzenreste und Laub. Mikroorganismen und Bodenlebewesen zersetzen diese Stoffe nach und nach. Dabei entsteht ein nährstoffreicher, krümeliger Kompost. Je weiter dieser Zersetzungsprozess fortgeschritten ist, desto mehr Humus bildet sich. Humus ist der besonders fruchtbare Bestandteil des Bodens, der am Ende der Zersetzung übrig bleibt. Kompost wird daher häufig in Gemüsebeete eingearbeitet: Er liefert nicht nur direkt Nährstoffe, sondern fördert langfristig die Humusbildung und damit die Bodenstruktur, Wasserspeicherfähigkeit und ein aktives Bodenleben.

Hilfsmittel für die Anzucht

Was muss ich bei einem Mini-Gewächshaus beachten?

Um Schimmel und zu hohe Feuchtigkeit im Mini-Gewächshaus vorzubeugen, kannst du folgende Tipps beachten: Während der Keimphase sollte eine hohe Luftfeuchtigkeit gewahrt werden. Alle Lüftungsschlitze bleiben geschlossen, und du kannst ein- bis zweimal täglich für 5–10 Minuten den Deckel komplett abnehmen. Sobald sich die ersten Keimlinge zeigen, kannst du die Lüftungsschlitze öffnen und offen lassen sowie das Gewächshaus weiterhin täglich komplett lüften. Wenn die Keimlinge aufrecht stehen und die Keimblätter sich vollständig entfaltet haben, kannst du den gesamten Deckel vom Mini-Gewächshaus abnehmen. Generell gilt: Etwas Kondensation ist völlig normal. Wenn jedoch das gesamte Gewächshaus von innen dauerhaft beschlagen ist und man kaum noch hineinsehen kann, ist die Erde vermutlich zu feucht, und es besteht Schimmelgefahr. Lüfte das Gewächshaus in diesem Fall häufiger und länger, um das Problem zu beheben.

Sind Heizmatte und Pflanzenlampen notwendig zur Anzucht?

Kurze Antwort: Nein. Wenn Gärtnern dein Hobby ist und du keine professionelle Anzucht betreibst, brauchst du nicht zwingend Heizmatten oder Pflanzenlampen. Hilfreich sind sie vor allem dann, wenn du sehr früh mit der Anzucht beginnst, also deutlich vor dem üblichen Zeitraum. Pflanzen benötigen ein Mindestmaß an Licht und Wärme, um zu wachsen. Wenn zum Beispiel bereits im Dezember Tomaten auf der Fensterbank gezogen werden, sind die Tage noch zu kurz, das Tageslicht nicht ausreichend und die Temperatur auf dem Fensterbrett vermutlich zu niedrig, um gute Ergebnisse zu erzielen. Ein weiteres Szenario, in dem diese Hilfsmittel sinnvoll sein können, sind Wohnungen mit zu dunklen Fensterplätzen oder generell kühlen Räumen. Das Ergebnis solcher Wachstumsbedingungen sind Pflanzen, die lang und spindelig wachsen und leicht umknicken.

Eignen sich Klorollen als Anzucht-Töpfchen?

Häufig wird dazu geraten, die Papprollen aus dem Inneren der Toilettenpapierrollen aufzubewahren, sie an einer Seite zusammenzufalten und als Anzuchttöpfchen zu verwenden. Diese sollen dann mitsamt der Pflanze ins Beet gesetzt werden, um die Wurzeln nicht zu stören. Ich rate davon ab, Papprollen für die Anzucht zu verwenden. Eine hohe Luftfeuchtigkeit und eine konstant feuchte Erde sind hier für die Anzucht notwendig, und genau diese Bedingungen sind perfekter Nährboden für Schimmel auf der Pappe. Zwar halten Keimlinge einen leichten Schimmelbefall von Erde oder Töpfchen meist aus, Schimmelsporen in der Wohnung sind dennoch etwas, das ich möglichst vermeide.

Eignen sich Kokosquelltabs zur Anzucht?

Kokostabs sind trockene, zusammengepresste Kokosfasern, die in Wasser aufquellen und durch ein feinmaschiges Netz zusammengehalten werden. Sie werden häufig zur Anzucht verwendet und samt Netz eingepflanzt. Ein typischer Fehler bei der Nutzung ist, dass Keimlinge nicht früh genug umgetopft werden. Keimlinge benötigen zwar nur wenige Nährstoffe, Kokosfasern enthalten jedoch nahezu gar keine. Daher solltest du bei der Verwendung von Kokostabs deutlich früher mit der Nährstoffzugabe durch Dünger beginnen als bei der Anzucht in Erde, oder du topfst die Keimlinge frühzeitig in Erde um. Zudem habe ich die Erfahrung gemacht, dass sich die Netze der Tabs im Boden kaum zersetzen. Sie sind zum Teil noch Jahre später im Garten zu finden. Wenn du also Quelltabs zur Anzucht verwendest, solltest du den geringen Nährstoffgehalt beachten und die Netze beim Umtopfen gegebenenfalls entfernen.

Probleme bei der Anzucht

Was kann ich tun, wenn die Pflanze vergeilt/spargelt?

Pflanzen, die zum Beispiel aufgrund von Lichtmangel zu sehr in die Höhe wachsen und dadurch lange, dünne Stiele entwickeln, bezeichnet man als „vergeilt" oder „gespargelt". Verhindern kannst du das Spargeln durch ideale Lichtverhältnisse und Temperaturbedingungen während der Wachstumsphase. Es ist jedoch kein Grund zur Sorge, wenn die Pflanzen in die Höhe schießen. Gerade Paprika, Tomaten, Gurken und Zucchini sind Pflanzen, die zum Vergeilen neigen. Sie alle besitzen sogenannte Adventivwurzeln und damit die Fähigkeit, entlang des gesamten Stieles weitere Wurzeln zu bilden. Beim Pikieren und Umtopfen solltest du diese Pflanzen deshalb tiefer in die Erde setzen, und zwar bis zu den Keimblättern. Sobald sie ins Beet kommen, kannst du sogar die ersten paar Blattpaare entfernen und sie noch tiefer einpflanzen. Sie bilden entlang des Stiels zusätzliche Wurzeln und somit ein kräftiges Wurzelwerk und sind später genauso stabil und ertragreich wie andere Pflanzen. Aufgrund des zunächst dünneren Stiels solltest du sie jedoch mit einem Stab stützen.

Was kann ich tun, wenn die Blätter gelb werden?

Wenn die Blätter einer Pflanze sich hellgrün bis gelblich verfärben, kann das mehrere Ursachen haben. Die wohl häufigste Ursache bei der Gemüseanzucht ist Nährstoffmangel. Da Jungpflanzen zunächst nur eine sehr geringe Dosis Dünger vertragen und ein Übermaß an Nährstoffen schädlich sein kann, ist es schwierig, den richtigen Moment abzupassen, ab dem die Dosis erhöht werden kann. Bei gelben Blättern hilft es daher häufig, zu düngen. In vielen Fällen erholt sich die Pflanze dann sehr schnell. Wenn ein Nährstoffmangel ausgeschlossen werden kann, die Pflanze jedoch weiterhin unnatürlich helle Blätter aufweist, kann dies auf eine fehlerhafte Wasserversorgung hindeuten. Zu viel Wasser kann zu Staunässe und Wurzelschäden führen, zu wenig Wasser dazu, dass die Pflanze nicht genug Nährstoffe aufnehmen kann. Auch Lichtmangel und Schädlinge können ursächlich sein. Überprüfe die Pflanze auf alle genannten Ursachen und handle entsprechend.

Was kann ich bei Sonnenbrand auf den Pflanzen tun?

Pflanzen bekommen Sonnenbrand, wenn sie über längere Zeit direktem Sonnenlicht ausgesetzt sind, ohne zuvor daran gewöhnt zu sein. Gerade Jungpflanzen, die in geschützten Bedingungen wie auf der Fensterbank oder im Gewächshaus aufgezogen wurden, benötigen mehrere Tage bis Wochen zur Eingewöhnung an die direkte Sonne. Sie solltest du daher zunächst schattig stellen und nur schrittweise dem vollen Sonnenlicht aussetzen. Sonnenbrand äußert sich durch weißlich oder silbern schimmernde, schlaff herabhängende Blätter, braune Flecken oder vertrocknete Blattpartien, die zwischen den Fingern zerbröseln. Bei diesen Anzeichen solltest du schnell handeln. Die Pflanze muss sofort in den Schatten gestellt und gegebenenfalls gegossen werden. Vertrocknete Blätter solltest du entfernen. Leider kann es besonders bei empfindlichen Jungpflanzen vorkommen, dass sie sich von einem starken Sonnenbrand nicht mehr erholen.

Wie härte ich Jungpflanzen ab?

Jungpflanzen, die schon eine Größe erreicht haben, mit der man sie in den Garten pflanzen könnte, solltest du vor diesem Schritt abhärten. Die Pflanzen sind an die guten Bedingungen im Haus gewöhnt, sie kennen weder Wind noch direkte Sonne oder Regen. Das kann dazu führen, dass sie der Witterung im Garten nicht standhalten und schnell eingehen. Eine langsame Eingewöhnungsphase hilft, die Pflanzen abzuhärten. Dazu stellst du sie zunächst stundenweise draußen auf, windgeschützt und im Schatten, zum Beispiel im Garten, auf dem Balkon oder der Terrasse. Nach einigen Tagen dürfen sie auch in die direkte Sonne. Dabei solltest du die Pflanzen unbedingt aufmerksam beobachten, denn sie neigen zu Sonnenbrand und können bei zu starker Belastung schnell eingehen. Sobald die Blätter welk wirken oder hängen, solltest du die Bedingungen anpassen. Jeden Tag können die Pflanzen etwas länger draußen bleiben. Nach ein bis zwei Wochen kannst du sie auch über Nacht draußen stehen lassen und dann ins Beet setzen.

Warum ist ein weißer Belag auf der Erde?

Nicht in allen Fällen ist der weißliche Belag auf der Erde gleich Schimmel. In Gegenden mit sehr kalkhaltigem Leitungswasser kann sich Kalk auf der Erdoberfläche absetzen. Das ist zunächst kein Grund zur Sorge. Einige Gärtner*innen verwenden deshalb für ihre Anzucht ausschließlich Regenwasser, um Kalkablagerungen im Wurzelbereich zu vermeiden. Dies kann als vorbeugende Maßnahme sinnvoll sein. Ich persönlich gieße jedoch schon immer mit kalkhaltigem Leitungswasser und habe damit trotz Ablagerungen auf der Erde keine negativen Erfahrungen gemacht.

Was kann ich bei Schimmel auf der Erde tun?

Schimmel auf der Anzuchterde ist nicht ungewöhnlich. Gerade im Mini-Gewächshaus herrschen durch die warme, feuchte Luft ideale Bedingungen für Schimmelwachstum. Ein bisschen Schimmel auf der Erdoberfläche ist nicht dramatisch. Du kannst die obere Erdschicht abtragen und entsorgen und anschließend großzügig Zimt rund um die Pflanze auf der Erde verteilen. Zimt hat natürliche Eigenschaften, die das Wachstum von Schimmelpilzen hemmen. Sobald die Pflanzen in größere Töpfe umziehen, entferne so viel der alten Erde wie möglich, ohne dabei die Wurzeln zu beschädigen. In den meisten Fällen ist das Problem damit behoben.

KAPITEL 2

IM GARTEN

Ab Mai heißt es im Gemüsegarten: volle Kraft voraus! Sobald die Gefahr des letzten Frosts gebannt ist, dürfen die vorgezogenen Jungpflanzen ihren Platz im Beet einnehmen und die übrigen Samen direkt gesät werden. Dieses Kapitel erklärt detailliert, welche wichtigen Schritte dabei zu beachten sind, um die Pflanzen gesund und erfolgreich über die Saison zu bringen.

Beetplanung

Wie groß sollte der Pflanzabstand sein?

Solange die Pflanzen noch kleine Setzlinge sind, ist es oft schwierig einzuschätzen, wie viel Platz sie im Beet benötigen. Anfänger*innen neigen daher häufig dazu, die Jungpflanzen zu eng nebeneinander zu pflanzen. Das kann dazu führen, dass sie sich später gegenseitig Nährstoffe, Wasser, Licht und Platz nehmen und deine Ernte deutlich geringer ausfällt als mit den passenden Pflanzabständen. Für den Anfang empfiehlt es sich daher, den Platzangaben auf den Saatgutpackungen zu folgen. Mit etwas mehr Erfahrung lassen sich diese Angaben gezielt umgehen, indem man zum Beispiel niedrig wachsende Pflanzen mit flachen Wurzeln unter tief wurzelnde, hohe Pflanzen setzt.

Wie pflanze ich einen Setzling ein?

Wenn du deine vorgezogenen oder gekauften Jungpflanzen ins Beet setzt, gilt es, einige Dinge zu beachten.

1. Die Pflanze sollte bereits an direkte Sonneneinstrahlung, Wind und Wetter gewöhnt sein, indem sie zum Beispiel mehrere Tage lang auf Balkon oder Terrasse verbracht hat.
2. Hebe ein entsprechend großes Pflanzloch aus und fülle es mit Wasser. Dieses versickert und sorgt dafür, dass von Anfang an Wasser tief in der Erde zur Verfügung steht.

3. Bei Stark- und Mittelzehrern kannst du Langzeitdünger direkt ins Pflanzloch geben.
4. Der Wurzelballen der Setzlinge sollte unbedingt aufgebrochen oder angeraut werden. Die Wurzeln könnten die Form des kleinen Topfes angenommen haben. Wenn sie in dieser Form weiterwachsen, kann es schlimmstenfalls passieren, dass die Wurzeln aus dem Inneren keinen Weg nach außen finden und verfaulen.

Was hat es mit der Fruchtfolge auf sich?

Alle Pflanzen entziehen dem Boden Nährstoffe, je nach Art in unterschiedlicher Menge. Deshalb werden sie in drei Kategorien eingeteilt: Starkzehrer sind Pflanzen mit hohem, Mittelzehrer mit mittlerem und Schwachzehrer mit geringem Nährstoffbedarf. Als Faustregel gilt: Nach der Ernte eines Starkzehrers sollte man nicht erneut einen Starkzehrer an dieselbe Stelle im Beet setzen. Selbst durch zusätzliches Düngen kann der Boden dort schnell ausgelaugt werden. Du kannst Starkzehrer aber problemlos an Stellen setzen, wo zuvor Mittel- oder Schwachzehrer standen. Die geplante Abfolge der Pflanzen im Beet nennt man Fruchtfolge. Die Fruchtfolge gilt sowohl innerhalb einer Saison als auch für die darauffolgende. Plane dein Beet deshalb langfristig, zum Beispiel indem du im zweiten Jahr alle Kulturen eine Reihe versetzt.

Welches Gemüse zählt zu den Stark-, Mittel- und Schwachzehrern?

Die folgende Tabelle dient als Übersicht für Stark-, Mittel- und Schwachzehrer. Bei einigen Pflanzen ist die Einordnung nicht ganz so eindeutig wie bei anderen: So werden Petersilie, Basilikum und Spinat manchmal eher zwischen Mittel- und Schwachzehrern einsortiert, statt einer Kategorie eindeutig zugeordnet zu werden, und auch Salate können je nach Sorte etwas mehr oder weniger Nährstoffe benötigen. Ich persönlich habe mit der untenstehenden Sortierung gute Erfahrungen gemacht.

Starkzehrer	Mittelzehrer	Schwachzehrer
Aubergine	Basilikum	Bohne
Gurke	Karotte	Erbse
Kartoffel	Kohlrabi	Feldsalat
Kohl (z. B. Blumenkohl, Wirsing, Weißkohl)	Rote Bete	Petersilie
Kürbis	Kopfsalat	Radieschen
Lauch	Spinat	Rucola
Paprika	Zwiebel	Pflücksalat
Tomate		
Zucchini		

Was ist Mischkultur?

Neben der Fruchtfolge ist es bei der Beetplanung ebenso wichtig, darauf zu achten, welche Pflanzen nebeneinander gedeihen. Manche Arten fördern sich gegenseitig in ihrem Wachstum. So halten zum Beispiel Studentenblumen (Tagetes) schädliche Nematoden im Boden fern, ein Vorteil, von dem besonders Wurzelgemüse wie Kartoffeln profitiert. Auch Zwiebeln und Karotten ergänzen sich hervorragend: Der Geruch der Zwiebeln vertreibt Schädlinge, die Karotten befallen würden, während die Karotten umgekehrt Schädlinge von Zwiebelgewächsen fernhalten. Tomaten und Basilikum gelten als gute Beetnachbarn, da das Basilikum Schädlinge von Tomaten fernhalten und das Aroma der Früchte positiv beeinflussen soll. Diese gezielte Kombination von Pflanzpartnern nennt sich Mischkultur. Andere Beetnachbarn wiederum gelten als schlechte Nachbarn, so hemmt beispielsweise Fenchel das Wachstum bestimmter anderer Kulturen. Kartoffeln und Tomaten wiederum gehören zur selben Pflanzenfamilie, sie sind anfällig für die gleichen Krankheiten und ziehen ähnliche Schädlinge an. Ein Anbau nebeneinander erhöht das Risiko eines flächendeckenden Befalls. Vor dem Anlegen eines Beetes lohnt sich daher ein Blick in eine Beetnachbarn-Tabelle (siehe Seite 54).

Tomate und Basilikum als Beetnachbarn

Was sind gute und schlechte Beetnachbarn?

Jedes Gemüse hat eine Vielzahl an besonders gut oder weniger gut geeigneten Beetnachbarn. Die folgende Tabelle ist eine Übersicht über die gängigsten Kombinationen, wobei ich mit den empfohlenen Partnern schon vielfach gute Erfahrungen gemacht habe und auch die ungünstigen Nachbarschaften gezielt vermieden habe.

Kulturpflanze	Gute Beetnachbarn	Schlechte Beetnachbarn
Bohne	Bohnenkraut, Zucchini, Mais	Zwiebel, Lauch, Erbse
Gurke	Dill, Tagetes, Salat, Erbse, Bohne	Tomate, Aubergine, Kartoffel
Kartoffel	Puffbohne, Tagetes, Ringelblume	Tomate, Aubergine, Gurke
Karotte	Zwiebel, Lauch, Frühlingszwiebel	Rote Bete, Sellerie
Kohl	Kapuzinerkresse, Karotte, Kartoffel	Andere Kohlsorten, Zwiebel, Knoblauch
Tomate, Chili und Paprika	Basilikum, Tagetes, Kapuzinerkresse, Salat	Kartoffel, Aubergine, Gurke
Zucchini	Tagetes, Ringelblume, Erbse, Bohne	Gurke, Kürbis, Melone

Wann ist der Erntezeitpunkt?

Während bei der Fruchtfolge häufig der Nährstoffbedarf im Vordergrund steht, lohnt es sich auch, den Erntezeitpunkt der verschiedenen Gemüsesorten zu bedenken. Gerade im Sommer wird vieles reif, jedoch soll das Beet auch im Herbst noch eine reiche Ernte liefern, und selbst im Winter kann noch einiges Gemüse im Garten stehen bleiben. Achte daher bereits im Frühjahr bei der Beetplanung darauf, Sorten einzuplanen, die du erst im späten Herbst oder sogar im Winter erntest. Gute Beispiele sind Wirsing, Grünkohl und Rosenkohl, aber auch eine späte Aussaat von Spinat oder Feldsalat. Einige Kulturen kannst du sogar im Herbst oder Winter aussäen: Sie überwintern im Beet und liefern dir im Frühjahr eine reiche Ernte, so zum Beispiel Wintererbsen.

Was tue ich mit Pflanzenresten nach Saisonende?

Am Ende der Saison stehen und liegen Blätter, abgeerntete Kohlstümpfe, vertrocknetes Unkraut und alles, was sonst so nach einer Saison übrig bleibt, häufig noch im Garten. Doch was nun? Für Boden- und Tierwelt ist es tatsächlich am besten, wenn du alles unangetastet auf den Beeten liegen lässt. Am besten gibst du noch zusätzlich eine Schicht Laub obendrauf. Der Boden sollte im Winter nämlich nicht ungeschützt offen liegen. Die Pflanzenreste schützen vor Erosion und Bodenfrost und verrotten mit der Zeit, wobei sie wertvolle Nährstoffe wieder zurück in den Boden abgeben. Zusätzlich finden viele Insekten und Kleinstlebewesen hier Unterschlupf und können so überwintern. Erst im späten Frühjahr sollten die Beete „aufgeräumt" werden, die übrigen Pflanzenreste auf den Kompost verfrachtet und die Erde aufgearbeitet werden.

Warum sollte ich Umgraben vermeiden?

Beim Vorbereiten der Beete im Frühjahr war es lange Zeit üblich, den Boden mit einer Grabegabel oder einem Spaten umzugraben. Mittlerweile weiß man, dass dies die Bodenstruktur stört und das natürliche Gleichgewicht durcheinanderbringt. Besonders Mikroorganismen und Bodenlebewesen, die für einen gesunden Boden wichtig sind, werden dadurch beeinträchtigt. Besser ist es, wenn du den Boden nur oberflächlich lockerst und belüftest, ohne ihn dabei zu wenden. Dabei kann eine Gründüngung auf natürliche Weise helfen, ebenso wie Werkzeuge, die eine tiefere Lockerung ermöglichen, ohne den Boden komplett umzudrehen. Auch das Auftragen von frischem Kompost und das Mulchen über den Winter helfen dabei, den Boden aufzuwerten und zu schützen.

Gießen

Wie, wie oft und wie viel sollte ich gießen?

Die wichtigste Regel beim Gießen lautet: viel, aber selten. Für die Pflanzen im Gemüsebeet gilt daher: Statt jeden Tag ein bisschen zu gießen, solltest du lieber nur ein- bis zweimal pro Woche ausgiebig und tiefgründig wässern, sodass das Wasser bis in tiefere Erdschichten gelangt und nicht nur oberflächlich bleibt. Das hat mehrere Vorteile: Steht an der Oberfläche nicht täglich frisches Wasser zur Verfügung, „sucht" die Pflanze in tieferen Schichten danach. Sie bildet kräftige, tiefgehende Wurzeln und ist weniger stark auf regelmäßiges Gießen angewiesen. Durch diese Gießmethode war es mir in der Vergangenheit möglich, im Hochsommer zwei Wochen in den Urlaub zu fahren, ohne dass mir eine Pflanze eingegangen ist, trotz kompletter Gießpause. Achte außerdem darauf, möglichst bodennah zu gießen. Die Blätter sollten möglichst nicht nass

werden, auch Spritzwasser vom Boden auf die Blätter sollte vermieden werden. Nasse Blätter können bei Sonnenschein zu Verbrennungen führen und begünstigen Krankheiten wie Mehltau oder Kraut- und Braunfäule. Die beste Tageszeit zum Gießen ist frühmorgens. So kann das Wasser optimal aufgenommen werden, bevor die Sonne zu stark scheint. Tagsüber solltest du möglichst nicht gießen, um unnötige Verdunstung zu vermeiden. Abends zu gießen ist ebenfalls nicht ideal, da die feuchten Blätter bei den kühleren Temperaturen schlecht abtrocknen, was Pilzkrankheiten begünstigt.

TIPP Jungpflanzen ohne kräftig entwickeltes Wurzelsystem und Hochbeete mit geringem Erdvolumen müssen in der Regel häufiger gegossen werden, Töpfe und Kübel im Sommer gegebenenfalls sogar täglich.

Wozu ist ein Gießring gut?

Um das Gießen zu vereinfachen, empfiehlt es sich, rund um die Pflanze einen Ring aus Erde anzuhäufeln. So kann eine große Menge an Wasser auf einmal gegossen werden, ohne dass es abfließt. Der Erdring hält das Wasser genau dort, wo es gebraucht wird: nah an der Pflanze. Ich rate nämlich stark davon ab, dein gesamtes Beet großflächig mit einer Gießkanne samt Tülle zu gießen. Stattdessen gießt du besser gezielt einzelne Pflanzen oder Reihen.

Was bringt das Hacken?

Eine alte Bauernregel lautet: „Einmal hacken spart dreimal gießen." Vielleicht ist dir schon mal aufgefallen, dass Gießwasser auf der Erde zur Seite läuft, anstatt genau dort zu versickern, wo du gießt. Mit der Zeit verdichtet sich der Boden in den Beeten nämlich, die oberste Schicht wird hart und rissig und nimmt kaum noch Wasser auf. Regelmäßiges, oberflächliches Hacken kann dem vorbeugen. Es sorgt dafür, dass Gieß- und Regenwasser besser eindringen und länger im Boden gehalten werden. Hacke deine Beete deshalb so oft wie möglich, das spart Wasser und unterdrückt zudem feine Unkräuter.

Beete anlegen

Was ist die No-Dig-Methode?

Eine Methode, die das Gärtnern ohne Umgraben ermöglicht, ist die sogenannte No-Dig-Methode (engl. für: „nicht graben"). Dabei legst du unbedruckte und unbehandelte Pappe auf der Fläche des gewünschten Beetes aus und durchweichst sie mit viel Wasser. Der Boden unter der Pappe muss nicht vorbereitet werden, Grasnarben und Pflanzenreste müssen nicht entfernt werden, die Pappe wird einfach obendrauf gelegt. Auf die Pappe kommt eine 15–20 cm dicke Schicht reifen Komposts. Saatgut kannst du anschließend direkt in den Kompost einbringen, und auch Jungpflanzen kannst du direkt in die Kompostschicht setzen. Einige Pflanzen wie Karotten oder Kartoffeln solltest du idealerweise erst im zweiten Jahr im No-Dig-Beet anbauen. Bis dahin hat sich die Pappe ausreichend zersetzt und der Boden ist locker genug für Wurzelgemüse. Die Methode hat viele Vorteile: Sie schont das Bodenleben, das für die Gesundheit der Pflanzen maßgebend ist. Mikroorganismen, Pilze und Regenwürmer werden nicht gestört. Auch die Unkrautunterdrückung ist ein Pluspunkt: Durch die Pappe werden viele Unkräuter unterdrückt, ohne dass du sie ausgraben musst. In den Folgejahren füllst du das Beet jeweils vor dem Winter mit einer etwa 3 cm dicken Schicht Kompost auf. So bleibt der Boden locker und fruchtbar.

Warum Hochbeete?

Ein Hochbeet bringt viele Vorteile mit sich. Durch eine spezielle Schichtung der Materialien entsteht eine ideale Drainage und eine besonders gute Bodenqualität. Zudem erwärmt sich das Beet im Frühjahr schneller als der kühle Erdboden. Auch Unkräuter und Schädlinge lassen sich im Hochbeet leichter in Schach halten. Hochbeete ermöglichen außerdem ein rückenfreundliches Arbeiten, da man sich beim Gärtnern weniger bücken muss. Ein deutlicher Nachteil ist allerdings, dass Hochbeete alle vier bis sechs Jahre neu angelegt werden müssen.

Wie lege ich ein Hochbeet an?

Hochbeete bestehen aus mehreren Schichten: Die unterste Schicht besteht aus grobem Astschnitt. Hier kannst du auch dicke Äste oder kleine Baumstümpfe verwenden. Darüber folgt eine Schicht aus kleineren Ästen und Zweigen, gefolgt von feinem Grünschnitt wie Laub und Rasenschnitt. Diese Füllung kann gut zwei Drittel des Hochbeets ausmachen. Erst darauf folgt eine Schicht Kompost und schließlich Gemüseerde, beides jeweils mindestens 20 cm tief. Zusätzlich kannst du auch noch Pferdemist oder einen anderen natürlichen Langzeitdünger einbringen. Die groben Materialien im Hochbeet verrotten mit der Zeit und werten die Erde auf, dadurch sackt das Beet in den Folgejahren ab. Im Herbst oder Winter kannst du das Beet mit Kompost auffüllen. Ab dem vierten oder fünften Jahr ist der Großteil der Materialien bereits zersetzt. Sobald der Gemüseertrag deutlich nachlässt, ist es Zeit, das Hochbeet neu zu befüllen.

Dünger

Worauf sollte ich achten, wenn ich Dünger kaufe?

Im Handel gibt es zahlreiche Düngemittel und Bodenverbesserer. Ich empfehle, ausschließlich organische Dünger sowie natürliche mineralische Bodenverbesserer zu verwenden und auf synthetisch hergestellte Kunstdünger zu verzichten. Pflanzen können mit natürlichen organischen oder mineralischen Nährstoffquellen vollständig und gesund versorgt werden. Durch den Verzicht auf synthetische Dünger wird zudem das Risiko verringert, dass Nährstoffe ins Grundwasser ausgewaschen werden oder Tiere durch eine Überdüngung der Böden und Gewässer belastet werden. Auch organische Dünger solltest du nur in der tatsächlich notwendigen Menge ausbringen, denn eine Überdüngung kann sowohl den Pflanzen als auch dem Boden langfristig schaden.

Was ist ein Langzeitdünger?

Klassischer, im Handel erhältlicher Langzeitdünger ist meist eine Mischung aus mineralischen und organischen Bestandteilen. Er enthält tierische oder pflanzliche Bestandteile sowie mineralische Salze. Der Vorteil: Er gibt über Wochen oder Monate hinweg langsam Nährstoffe ab, und du musst daher nicht ständig düngen. In der Regel reicht eine einmalige Gabe zu Saisonbeginn. Nur Starkzehrer benötigen gegebenenfalls zusätzliche Düngung über die Saison hinweg, zum Beispiel Kohl, Tomaten oder Zucchini.

Was kann organischer Langzeitdünger?

Besonders Schafwolle ist bekannt für ihren hohen Anteil an Stickstoff, einem der wichtigsten Wachstumsnährstoffe für Pflanzen. Sie kann roh in die Erde gegeben werden, ist aber auch gepresst in Pelletform im Handel erhältlich. Die Pellets quellen unter der Erde auf und belüften und lockern sie dadurch zusätzlich. Auch Hornspäne werden häufig als

Stickstoffquelle eingesetzt. Beide Düngerarten kannst du mit Urgesteinsmehl kombinieren, einem feinen Pulver aus gemahlenem Vulkanstein, das den Boden mit Spurenelementen und Mineralien anreichert und damit die Bodenstruktur langfristig verbessert.

Was kann Flüssigdünger?

Klassischer Flüssigdünger enthält Mineralsalze, die den Pflanzen sofort zur Verfügung stehen. Wenn ein Langzeitdünger in die Erde eingearbeitet wurde, ist es nicht immer notwendig, zusätzlich direkt verfügbaren Flüssigdünger zu geben. Falls die Blätter der Pflanzen sich von einem satten, dunklen Grün zu einem helleren, gelblichen Grün verfärben, kann dies auf einen Nährstoffmangel hinweisen, den du mit Flüssigdünger schnell beheben kannst. Besonders bei Topfpflanzen ist Flüssigdünger hilfreich, da die Nährstoffe durch das häufige Gießen schneller ausgewaschen werden.

Was ist eine Gründüngung?

Gründüngung nennt man das gezielte Aussäen bestimmter Pflanzen, die nicht geerntet, sondern nach dem Wachstum in die Erde eingearbeitet werden. Sie zersetzen sich dort auf natürliche Weise und dienen so als Dünger, daher der Name „Gründüngung". Viele Gründüngungspflanzen haben zudem tiefe Wurzeln, die den Boden auflockern und belüften. Gründüngung kannst du entweder sehr früh im Jahr säen und vor der ersten Kultur in den Boden einarbeiten oder am Ende der Saison aussäen und über den Winter stehen lassen. So schützt sie die Erde vor Erosion und Frost und bietet gleichzeitig Insekten und anderen Nützlingen einen geschützten Rückzugsort. Typische Gründüngungspflanzen sind zum Beispiel Phacelia, Gelbsenf, Inkarnatklee und Buchweizen.

Alternativen zu handelsüblichem Dünger

Wie kann ich Dünger selbst herstellen?

Es ist nicht notwendig, viel Geld für Dünger oder Bodenaktivator auszugeben. Viele Küchen- und Gartenabfälle lassen sich ebenfalls gut nutzen:

→ **Kaffeesatz:** Stickstoffreich, gut getrocknet und in kleinen Mengen auf dem Beet verteilt verwendbar. Zu viel kann den Boden allerdings versauern.

→ **Zermahlene Eierschalen:** Langfristige Calciumquelle. Kann den pH-Wert in sauren Böden heben.

→ **Mist (z. B. von Pferd, Huhn oder Schaf):** Enthält Stickstoff, Phosphor und Kalium, gut geeignet für Starkzehrer. Vor der Verwendung jedoch einige Monate ablagern lassen, da frischer Mist „scharf" ist und Pflanzen schädigen kann.

→ **Bokashi (fermentierte Küchenabfälle):** Enthält viele Nährstoffe und kann direkt in den Boden eingearbeitet werden. Durch die Fermentation werden die enthaltenen Nährstoffe schneller verfügbar für die Pflanzen.

→ **Kompost:** Das vielleicht beste Mittel zur Bodenverbesserung – reich an Nährstoffen, verbessert die Bodenstruktur und speichert Feuchtigkeit.

→ **Brennnesseljauche:** Enthält viel Stickstoff, aber auch andere hilfreiche Nährstoffe. Zur Herstellung werden frische Brennnesseln mit Wasser angesetzt und mehrere Tage bis Wochen stehen gelassen, bis die Flüssigkeit dunkel wird und stark riecht. Vor der Anwendung sollte sie im Verhältnis 1:10, ein Teil Jauche, zehn Teile Wasser, verdünnt werden. Ideal als selbst gemachter Flüssigdünger für Starkzehrer wie Tomaten oder Zucchini.

Wie gut ist Kaminasche im Vergleich zu aktivierter Pflanzenkohle?

Früher war es üblich, Kaminasche oder alte Grillkohle in Beete einzuarbeiten oder auf den Kompost zu geben. Holzasche enthält zwar diverse Nährstoffe und Spurenelemente, bringt jedoch auch eine hohe Konzentration an Schwermetallen und Schadstoffen mit sich. Diese können in den Boden gelangen, von den Pflanzen aufgenommen werden und am Ende auf dem Teller landen. Inzwischen wird daher deutlich davon abgeraten, Asche oder Kohlereste im Garten zu verwenden. Beides sollte im Hausmüll entsorgt werden. Anders sieht es bei aktivierter Pflanzenkohle aus. Diese wird unter kontrollierten Bedingungen aus unbehandeltem pflanzlichem Material hergestellt und enthält keine problematischen Rückstände. Anders als Kaminasche, in der die Schadstoffe der Holzkohle konzentriert vorliegen, wirkt aktivierte Pflanzenkohle wie ein Schwamm im Boden: Sie speichert Wasser, bindet Schadstoffe und kann Nährstoffe speichern und wieder abgeben, sodass sie Pflanzen über einen längeren Zeitraum zur Verfügung stehen. Pflanzenkohle ist ein wertvolles Hilfsmittel für die Bodenverbesserung, besonders in Kombination mit Kompost.

Mulch

Warum mulchen?

Was ist eigentlich Mulch, und warum sollte man ihn im Garten verwenden? Als Mulch bezeichnet man organisches Material, das als 5–10 cm dicke Schicht auf der Erde rund um die Pflanzen verteilt wird. Mulch hat mehrere Funktionen: Er sorgt dafür, dass Wasser nicht so schnell verdunstet und den Pflanzen somit länger zur Verfügung steht. Er schützt die Erde vor Erosion und Verdichtung, unterdrückt das Wachstum von Unkraut und zersetzt sich mit der Zeit, wobei er Nährstoffe an die Erde abgibt.

Welche Mulchmaterialien gibt es?

Die folgenden Materialien eignen sich zum Mulchen:

→ **Stroh:** Besonders geeignet zum Beispiel für Erdbeeren, damit die Früchte nicht auf der Erde liegen und schimmeln. Stroh kann beim Zersetzungsprozess allerdings der Erde Stickstoff entziehen, deshalb sollte zusätzlich gedüngt werden, etwa mit Hornspänen.

→ **Holzhackschnitzel:** Ähnlich wie Stroh können sie beim Verrotten dem Boden Stickstoff entziehen. Eine zusätzliche Düngung ist daher sinnvoll.

→ **Seegras und Tang:** Sehr nährstoffreich und speichert viel Wasser, sollte vor dem Ausbringen gründlich mit Süßwasser abgespült werden, um Salzrückstände zu entfernen.

→ **Schafwolle und Schafwollvlies:** Hohe Wasserspeicherfähigkeit und hoher Stickstoffgehalt. Wirkt beim Zersetzen wie ein Langzeitdünger.

→ **Rasenschnitt:** Sehr nährstoffreich und gut geeignet zum Mulchen. Sollte vor dem Ausbringen in der Sonne angetrocknet werden, um Schimmelbildung vorzubeugen.

- **Unkraut und Gemüse-Grün:** Ich lege gejätetes Unkraut direkt um meine Gemüsepflanzen. Es vertrocknet in der Sonne und gibt beim Verrotten Nährstoffe an den Boden ab. Bei feuchtem Wetter besteht allerdings das Risiko, dass manches Unkraut wieder anwächst. Auch das Grün von Radieschen, Karotten oder die äußeren Blätter von Kohlpflanzen nutze ich als Mulchmaterial.

- **Rindenmulch:** Enthält Gerbstoffe, die Unkraut unterdrücken, aber auch das Wachstum der Gemüsepflanzen beeinträchtigen können. Pinienrinde ist besser geeignet, da sie weniger Gerbstoffe enthält. Wie bei Stroh und Holzhackschnitzeln sollte auch hier zusätzlich Stickstoff (z. B. in Form von Hornspänen) eingebracht werden.

Tomatenpflanze gemulcht mit Stroh

Tomatenpflanze gemulcht mit Grasschnitt

Anschaffungen für den Gemüsegarten

Warum sind Kulturschutznetze sinnvoll?

Ein Kulturschutznetz ist ein sehr feinmaschiges, reißfestes Netz, das über das Gemüsebeet gelegt wird. Es hat mehrere Vorteile: Es hält Kleinstschädlinge wie Erdflöhe und Fliegen ab und ersetzt somit den Einsatz schädlicher Pestizide. Auch größere Tiere wie Vögel oder Kaninchen werden vom Gemüse ferngehalten. Zudem entsteht unter dem Netz ein Mikroklima: Wasser verdunstet langsamer, und die Temperatur ist etwas höher als außerhalb des Netzes. Dadurch wachsen die Kulturen unter dem Netz erfahrungsgemäß deutlich schneller. Ich verwende jedes Jahr ein Kulturschutznetz, besonders zum Schutz meiner Kohlpflanzen. Diese können nämlich in kürzester Zeit zum Beispiel von der Kohlweißlingraupe dezimiert werden. Kulturschutznetze werden auch in der ökologischen Landwirtschaft großflächig eingesetzt. Du kannst es gegen Mitte/Ende der Saison entfernen, wenn die Pflanzen gut etabliert sind und ein Schädlingsbefall unwahrscheinlicher wird. Ein hochwertiges Netz kannst du über viele Jahre immer wieder verwenden.

Hier kann man den Unterschied zwischen dem Anbau mit (links) und ohne (rechts) Kulturschutznetz gut erkennen. Der Salat wurde zur gleichen Zeit gepflanzt und identisch gepflegt.

Lohnt sich ein Unkrautvlies?

Ein Unkrautvlies wird unter dem Beet breitflächig ausgelegt, mit Erde und Kompost bedeckt und verbleibt über viele Jahre im Boden. Durch Witterung und mechanische Belastung beginnt es sich mit der Zeit zu zersetzen und gibt dabei Mikroplastik an den Boden ab. Da es sich unter der Erde befindet, ist es nur schwer wieder zu entfernen. Auch wenn es eigentlich nur Unkraut abhalten soll, stellt es eine undurchdringliche Barriere für viele Bodenlebewesen dar und stört das Bodenleben erheblich. Ich rate daher klar von der Nutzung von Unkrautvlies ab, egal ob im Beet oder „nur" zum Anlegen von Wegen im Garten.

Muss ich mir teure Rankhilfen kaufen?

Viele Gemüsesorten profitieren von einer Rankhilfe. Je nach Pflanze eignet sich mal ein Gitter und mal genügt ein langer Stock. Im Handel gibt es viele Rankgitter, -bögen und -stäbe, doch du kannst mit wenig Geld auch selbst welche basteln. Hier ein paar Vorschläge:

Junge Weiden- und Haselnusstriebe sind flexibel und lassen sich gut zu Rankgestellen zusammenbinden. Da Weiden sehr schnell anwurzeln, solltest du sie vor dem Einsatz gut trocknen lassen und die Rinde an den unteren Enden entfernen. Auch Bambusstangen eignen sich gut als Rankhilfe. Zwar wird der Bambus-Anbau in Deutschland kritisch hinterfragt, es gibt dennoch viele Hobbygärtner*innen, die Bambus im Garten haben und gerne bereit sind, einige Stangen abzugeben. Sehr praktisch und langlebig sind außerdem günstige Estrichgitter aus dem Baumarkt. Diese kannst du auf die gewünschte Größe zuschneiden. Sie eignen sich ideal als wiederverwendbares Rankgitter.

Wie geht Low-Budget-Gärtnern?

Natürlich gibt es auch Gartengeräte und Werkzeug, bei denen kaum ein Weg an einer Anschaffung vorbeiführt, auch wenn man mit einem kleinen Budget gärtnert, zum Beispiel Gießkanne, Schaufel oder Hacke.

MEIN TIPP Kaufe über Kleinanzeigen und Second-Hand. Ob online oder auf Flohmärkten, ein Blick lohnt sich fast immer. Ich habe dort schon häufig Pferdeäpfel zum Düngen, Holzpaletten und Grünschnitt zum Anlegen von Hochbeeten gefunden, genauso wie Mutterboden oder Steine für Beetumrandungen.

KAPITEL 3

SCHÄD-LINGE & NÜTZLINGE

Wer einen eigenen Nutzgarten anlegt, trifft früher oder später auf einen Mikrokosmos voller Leben. Da sind die ungewollten Besucher, die unsere Ernte bedrohen, aber auch die gern gesehenen Gäste, die stillen Helfer im Beet. Dieses Kapitel hilft bei der Bestimmung und stellt die einzelnen Akteure detailliert vor.

Insekten

Sind Ameisen Schädlinge?

Ameisen sind keine Schädlinge und sollten im Garten in der Regel nicht bekämpft werden. Sie lockern und belüften mit ihren Gängen den Boden, ernähren sich unter anderem von kleinen Schädlingen und dienen ihrerseits als Nahrungsquelle für viele Nützlinge. In Einzelfällen, besonders wenn sie in großer Zahl auftreten und die Gartenarbeit stark beeinträchtigen, kann es sinnvoll sein, Maßnahmen zu ergreifen, um sie zu vertreiben oder zum Umsiedeln zu bewegen. Eine drastische, aber oft wirksame Maßnahme ist das wiederholte Fluten der Nester, etwa an mehreren aufeinanderfolgenden Tagen. Auch starke Gerüche wie Essig oder Zimt, die in der Nähe der Nesteingänge verteilt werden, können zum Umzug führen. Aufgrund ihrer wichtigen Rolle im Ökosystem rate ich grundsätzlich davon ab, Ameisen chemisch zu bekämpfen.

Was ist mit Asseln?

Asseln sind, anders als häufig vermutet, keine Schädlinge, sondern nützliche Bodenbewohner. Sie zersetzen abgestorbene Pflanzenteile und tragen dadurch zur Humusbildung und Bodenverbesserung bei. Daher solltest du sie im Garten grundsätzlich nicht bekämpfen, sondern als Nützlinge schätzen. Nur in seltenen

Fällen, wenn die Population sehr groß ist und nicht genug organisches Material vorhanden ist, kann es vorkommen, dass sie auch reifes Gemüse anknabbern. In solchen Fällen hilft es, den Asseln Beifutter wie Kartoffelschalen oder andere Gemüsereste anzubieten. Asseln bevorzugen dunkle, feuchte Umgebungen. Sie sind häufig unter Blumentöpfen und in Baumstümpfen zu finden. Weniger Gießen und weniger Versteckmöglichkeiten helfen dabei, ihre Anzahl zu regulieren.

Wie locke ich Bestäuber an?

Bestäuber sind in jedem Garten unverzichtbare Helfer, ohne sie gäbe es deutlich weniger Ertrag. Neben Bienen und Hummeln zählen auch Schwebfliegen, Schmetterlinge, Käfer und sogar manche Wespen zu den fleißigen Bestäubern. In jedem Gemüsegarten sollten deshalb blühende Pflanzen wachsen, die sie anlocken. Ich pflanze zwischen meine Gemüsereihen gezielt Blumen, die nicht nur Bestäuber anlocken, sondern auch essbar sind. So zum Beispiel Borretsch, Ringelblume oder Kapuzinerkresse. Zudem lasse ich gerne auch einzelne Salate, Radieschen oder Kohlpflanzen blühen. Darüber freuen sich die Insekten, und ich kann hinterher Saatgut entnehmen.

Sollte ich Blattläuse durch Marienkäfer bekämpfen?

Blattläuse treten meist im Frühjahr auf und sitzen bevorzugt an Stängeln, Triebspitzen und Knospen junger Pflanzen. Sie saugen Pflanzensaft und können die Entwicklung der Pflanze beeinträchtigen. Es gibt Blattläuse in vielen verschiedenen Farben, von schwarz über grün bis zu gelb und rot. Meine Empfehlung: Solange die Pflanze keine sichtbaren Schäden zeigt, würde ich nicht eingreifen.

Blattläuse sind eine wichtige Nahrungsquelle für Nützlinge, wie zum Beispiel Marienkäferlarven, Schwebfliegen oder Florfliegen. Erfahrungsgemäß dauert es nicht lange, bis sich diese natürlichen Gegenspieler einfinden und die Blattlauspopulation deutlich reduzieren. Sollte der Befall dennoch überhandnehmen, hilft meist ein kräftiger Wasserstrahl oder das manuelle Abstreifen mit den Fingern. Wenn das nicht ausreicht, kannst du Neemöl als natürliches Mittel einsetzen. Es wird stark verdünnt auf die betroffenen Pflanzenteile gesprüht. Danach solltest du die besprühten Pflanzenteile einige Wochen nicht ernten und schließlich vor dem Verzehr gründlich waschen.

Was sind Drahtwürmer?

Drahtwürmer sind die Larven von Schnellkäfern. Sie ernähren sich von Wurzeln und können dabei große Schäden anrichten, besonders bei Kartoffeln, in die sie lange Gänge bohren.

Was kann ich gegen Drahtwürmer tun?

Um Drahtwürmern vorzubeugen, solltest du dafür sorgen, dass der Boden locker und gut durchlüftet ist. Gründüngung im Winter und regelmäßiges Hacken in der Hauptsaison helfen dabei. Rund um anfällige Pflanzen kannst du Studenten- und Ringelblumen setzen, sie wirken abschreckend. Bei akutem Befall kannst du Kartoffelscheiben als Falle in die Erde legen, diese ziehen die Drahtwürmer an und können am nächsten Tag mitsamt den Würmern entfernt werden. Es gibt außerdem spezielle Nematoden zu kaufen, die gezielt gegen Drahtwürmer wirken. Wer Hühner hat, kann diese nach dem Ernten durch das Beet laufen lassen, sie picken viele der Larven zuverlässig heraus.

Was sind Engerlinge?

Als Engerlinge bezeichnet man die Larven verschiedener Käferarten, die im Boden leben, bevor sie sich verpuppen und als Käfer schlüpfen. Zu den bekanntesten Engerlingen zählen die Larven von Mai- und Junikäfern, Nashornkäfern und Rosenkäfern. Wichtig ist: Nicht alle Engerlinge sind Schädlinge. Die Larven des Rosenkäfers etwa sind nützlich, sie ernähren sich von abgestorbenen Pflanzenteilen und stehen streng unter Naturschutz. Sie dürfen keinesfalls bekämpft werden. Engerlinge von Mai- und Junikäfern hingegen fressen auch lebende Wurzeln und können im Beet und besonders in Kübeln und Töpfen erhebliche Schäden verursachen.

Was kann ich gegen Engerlinge tun?

In einem naturnahen Garten reguliert sich ihre Zahl meist von selbst, da Vögel, Igel und andere Fressfeinde sie aufspüren. Durch regelmäßiges Auflockern der Erde wird es diesen Tieren erleichtert, die Larven zu finden. Ich plädiere dafür, Engerlinge nicht vorschnell zu bekämpfen, sondern auf natürliche Regulierung zu setzen, die Larven gegebenenfalls einzusammeln und an einen anderen Ort umzusiedeln. In Zeiten des weltweiten Insektensterbens können unsere Gärten Rückzugsorte sein, auch wenn das manchmal mehr Arbeit bedeutet und gelegentlich Schäden an Pflanzen.

Was ist mit Erdflöhen?

Schäden durch Erdflöhe treten besonders häufig bei Radieschen, Rucola und Kohlgewächsen auf. Die kleinen Käfer hinterlassen viele, nur wenige Millimeter große, unregelmäßige Löcher in den Blättern. Diese Schäden sind jedoch nur optischer Natur, das Gemüse kannst du bedenkenlos verzehren. Erdflöhe mögen es trocken und warm. Um sie zu vertreiben, solltest du den Boden rund um die betroffenen Pflanzen regelmäßig hacken, gießen und mulchen. Kulturschutznetze können ebenfalls vorbeugen. Wichtig ist, dass sie eine Maschenweite von unter einem Millimeter aufweisen. Zur Bekämpfung kannst du Urgesteinsmehl auf und um die betroffenen Pflanzen stäuben, allerdings musst du das Gemüse vor dem Verzehr dann besonders sorgfältig waschen. Von Schädlingsbekämpfungsmitteln rate ich in diesem Fall ab, da die Tiere im Allgemeinen keine großen Schäden anrichten.

Schadbild von Erdflöhen

Wie schütze ich meine Pflanzen vor Gemüsefliegen?

Es gibt diverse Arten von Gemüsefliegen, viele von ihnen haben sich auf bestimmte Gemüsesorten spezialisiert. So gibt es etwa Karottenfliegen, Zwiebelfliegen oder Kohlfliegen. Wie bei vielen anderen Schädlingen schützt ein Kulturschutznetz die Pflanzen zuverlässig vor Gemüsefliegen, indem es die Eiablage verhindert. Ein weiteres Mittel zur Prävention ist, bei der Fruchtfolge darauf zu achten, dass die gleiche Gemüseart nicht zwei Jahre am Stück am selben Ort im Beet angebaut wird. So wird verhindert, dass geschlüpfte Jungtiere aus überwinternden Puppen im Boden direkt an der Futterquelle sitzen. Auch gezielte Mischkultur kann helfen: So meiden Karottenfliegen die Nähe von Zwiebelgewächsen und Zwiebelfliegen die von Karotten. Einen Befall kannst du durch das Sprühen von verdünnter Brennnesseljauche oder Öl-Wasser-Gemischen eindämmen, etwa mit Neemöl oder Speiseöl. Die Wirkung ist jedoch begrenzt, vorbeugende Maßnahmen sind bedeutender. Gegen Larven im Boden kannst du zudem spezielle Nematoden einsetzen, die du im Handel und online bekommst.

Wie schütze ich meine Pflanzen vor der Minierfliege?

Schadbild der Minierfliege

Wenn sich auf den Blättern deiner Pflanzen weiße, verschlungene Linien befinden, ist mit hoher Wahrscheinlichkeit die Minierfliege am Werk. Diese legt ihre Eier auf den Blättern der Pflanze ab. Sobald die Larven schlüpfen, bohren sie sich in das Blatt und fressen sich tunnelartig hindurch. Bei einem starken Befall kann das die Pflanze schwächen, in den meisten Fällen reicht es jedoch aus, befallene Blätter zu entfernen. Einen mittleren Befall kannst du mit Neemöl, das auf die Blätter gesprüht wird, eindämmen, bei einem starken Befall kannst du Schlupfwespen einsetzen.

TIPP Kulturschutznetze schützen vor den meisten Schädlingen. Das Netz kann übrigens auch lose auf deinen Pflanzen aufliegen und muss nicht ordentlich aufgespannt werden.

Wie schütze ich meine Pflanzen vor der Weißen Fliege?

Die Weiße Fliege kann vor allem in Gewächshäusern zum Problem werden, aber auch im Freiland tritt sie, besonders in trockenen Phasen, im Gemüsebeet auf. Die Fliegen sitzen auf der Blattunterseite. Wird die Pflanze geschüttelt, fliegen sie in Schwärmen auf. Ihre Larven sind als kleine, weiße Punkte oder Beläge unter den Blättern erkennbar. Sowohl die Larven als auch die erwachsenen Tiere saugen Pflanzensaft und schwächen dadurch die Pflanzen erheblich. Zur Bekämpfung eignen sich mehrere Maßnahmen: Ein kräftiger Wasserstrahl kann viele Tiere abspülen, Brennnesseljauche oder auch eine Neemöl- oder Speiseöl-Lösung kann auf Blattober- und -unterseiten gesprüht werden. Das muss allerdings regelmäßig wiederholt werden. Im Gewächshaus helfen Gelbtafeln, die erwachsenen Tiere anzulocken und zu reduzieren. Ein rechtzeitig angebrachtes Kulturschutznetz verhindert die Eiablage. Besonders effektiv ist ein Garten, in dem sich Nützlinge wie Marienkäfer, Florfliegen und Schlupfwespen wohlfühlen. Sie halten die Population auf natürliche Weise in Schach.

TIPP Sprühe die befallenen Pflanzen, besonders die Blattunterseiten, früh morgens bei kühlen Temperaturen mit Neemöl ein. Zu der Tageszeit sind die Weißen Fliegen noch träge und können nicht so leicht wegfliegen.

Wie schütze ich meine Pflanzen vor Kartoffelkäfern?

Der Kartoffelkäfer ist eine invasive Art, die ursprünglich aus Amerika stammt und sich in Europa ausgebreitet hat, da die Käfer hier kaum natürliche Feinde haben. Die Larven des Kartoffelkäfers können eine gesamte Kartoffelpflanze innerhalb kürzester Zeit auffressen und dadurch die Ernte massiv gefährden. Die effektivste Methode, den Befall einzudämmen, ist das regelmäßige Absammeln von Käfern, Larven und Eiern. Präventiv können Kulturschutznetze helfen, indem sie die Eiablage verhindern. Starken Befall kannst du mithilfe von Neemöl, das stark verdünnt auf die Blätter gesprüht wird, oder auch Urgesteinsmehl, das über die Pflanzen gestäubt wird, zusätzlich eindämmen.

Kartoffelkäfer-Eier

Kartoffelkäfer-Larven

Wie schütze ich meine Pflanzen vor Kohlweißlingen?

Wie der Name schon sagt, bevorzugen die Raupen des Kohlweißlings Kohlpflanzen als Nahrungsquelle. Die Raupen können dabei die gesamte Pflanze in kürzester Zeit abfressen, es lohnt sich darum, präventiv zu handeln. Die Eiablage beginnt meist ab Mai, ein zweiter Schub folgt im Spätsommer. Die Raupen fressen sich oft ins Innere des Kohlkopfes, wo Schädlingsbekämpfungsmittel sie kaum erreichen. Kulturschutznetze bieten idealen Schutz, da sie die Eiablage verhindern. Ohne Netz solltest du regelmäßig die Blattunterseiten auf gelb-orangefarbene Eier kontrollieren und diese entfernen. Sie ähneln den Eiern von Marienkäfern, sind jedoch spitzer. Studentenblumen (Tagetes) als Beetnachbarn können den Kohlweißling durch ihren starken Geruch irritieren und fernhalten.

TIPP Einige Gärtner*innen streuen grob zerbrochene Eierschalen auf und um Kohlköpfe, um die Falter von der Eiablage abzuhalten. Die Farbe soll die Tiere verwirren und dafür sorgen, dass sie denken, der Platz sei schon von anderen Faltern besetzt.

Was sind Nematoden?

Nematoden ist der Überbegriff für winzig kleine Fadenwürmer, die im Boden leben. Es gibt Tausende verschiedene Arten. Einige sind nützlich, weil sie sich zum Beispiel von Larven oder Insekteneiern anderer Schädlinge ernähren. Andere sind schädlich, da sie die Wurzeln von Kulturpflanzen befallen und dadurch große Schäden anrichten können.

Wie kann ich Ohrenkneifer für mich nutzen?

Auch Ohrenkneifer haben einen schlechten Ruf und werden oft fälschlich als Schädlinge angesehen. Dabei machen sie Jagd auf viele echte Schädlinge im Garten, wie zum Beispiel Blattläuse, und sie ernähren sich sogar von Mehltaupilzen. Zwar kann es vorkommen, dass sie auch reifes Obst anknabbern, insgesamt überwiegt jedoch ihr Nutzen. Wenn du Probleme mit Blattläusen hast, solltest du in der Nähe der befallenen Pflanzen unbedingt ein Ohrenkneifer-Hotel aufstellen. Dafür füllst du einen Tontopf mit Stroh, steckst ihn umgedreht auf einen Stock und stellst ihn direkt ins Beet. Die Ohrenkneifer ziehen schnell ein und helfen auf natürliche Weise bei der Schädlingsbekämpfung. Auch wenn Ohrenkneifer an selbst angebautem Obst stören, lohnt sich ein solches Hotel, denn die Tiere lassen sich damit leicht umsiedeln und können an anderer Stelle weiter ihre Rolle im Ökosystem erfüllen.

Wie erkenne ich Spinnmilben?

Spinnmilben befallen oft Gurken oder Tomaten. Besonders im Gewächshaus treten sie häufig auf, denn sie lieben es warm und trocken. Sie sind so klein, dass sie mit bloßem Auge kaum zu erkennen sind, und kommen in verschiedenen Farben vor. Ein Befall wird häufig erst durch feine Gespinste an Blättern und Stielen sichtbar. Auf den Blättern hinterlassen sie gelblich-braune Flecken, die wie eine Marmorierung oder Maserung aussehen.

Wie bekämpfe ich Spinnmilben?

Zur Bekämpfung bei starkem Befall eignen sich vor allem Nützlinge. Im Handel bekommst du spezielle Raubmilben, deren Einsatz im Gewächshaus besonders effektiv ist. Bei leichtem Befall kann eine Öl-Wasser-Mischung helfen, zum Beispiel mit Neemöl oder einfachem Speiseöl. Die Pflanzen werden damit eingesprüht, die Behandlung muss mehrfach wiederholt werden. Besonders stark betroffene Pflanzenteile oder Blätter kannst du entfernen.

Was sind Trauermücken?

Trauermücken sind kleine, schwarze, fliegenartige Tierchen, die meist durch Anzuchterde oder Kompost eingeschleppt werden. Die Weibchen legen ihre Eier in feuchter Erde ab. Die Larven ernähren sich von den Wurzeln der Jungpflanzen und können diesen erheblichen Schaden zufügen. Das kann zu einem Wachstumsstopp führen oder sogar zum Absterben der Jungpflanze.

Wie gehe ich gegen Trauermücken vor?

Gelbtafeln, auch Gelbsticker genannt, sind ein gutes Hilfsmittel, um das Ausmaß des Befalls einzuschätzen. Die adulten Tiere bleiben daran kleben. Solange sich die Anzahl der Tiere in Grenzen hält, besteht für dich kein akuter Handlungsbedarf. Wenn der Befall jedoch überhandnimmt, gibt es zwei wirksame Methoden zur Bekämpfung: Nematoden oder Neemöl. Neemöl ist ein natürliches Schädlingsbekämpfungsmittel, Nematoden sind winzige Fadenwürmer, die die Larven gezielt angreifen. Die beiden Methoden solltest du auf keinen Fall parallel anwenden, da Neemöl sich schädlich auf die Nematoden auswirken kann. Bei beiden ist es gegebenenfalls notwendig, die Anwendung im Abstand von ein bis zwei Wochen zu wiederholen, um eine vollständige Wirkung zu erzielen. Zusätzlich kannst du eine ein bis zwei Zentimeter dicke Schicht aus Sand oder Vermiculit auf die Erde geben. Dies erschwert den Fliegen den Zugang zur Erde. Eine wirksame Methode zur Vorbeugung besteht übrigens darin, ganze Säcke Anzuchterde bereits ein bis zwei Wochen vor der Verwendung mit Neemöl oder Nematoden zu behandeln. So werden eventuell vorhandene Larven oder Eier unschädlich gemacht. Von Hausmittelchen wie Zimt oder Streichhölzern rate ich ab.

TIPP Bei Neemöl sollte man nicht sparen. Von billigen Literpackungen aus dem Internet rate ich ab. Hier lohnt sich der Griff zu den etwas teureren Alternativen bekannter Marken.

Säugetiere

Was tun, wenn ein Maulwurf im Garten auftaucht?

Wer einen gepflegten, englischen Rasen hat, stört sich vielleicht an den Erdhügeln, die Maulwürfe hinterlassen. Doch abgesehen von der Optik richten Maulwürfe im Garten keine Schäden an, im Gegenteil: Sie fressen Schädlinge wie Drahtwürmer, Schnecken und Engerlinge, belüften und lockern den Boden mit ihren Gängen, und ihre aufgeworfene Erde wird gern als Anzuchterde verwendet. Im Gemüsegarten kommt es höchstens vor, dass beim Graben einzelne Wurzeln beschädigt oder Pflanzen umgestoßen werden. Ernsthafte Schäden entstehen dabei aber nicht. Maulwürfe stehen unter Naturschutz und dürfen weder bekämpft noch gefangen oder gar getötet werden. Wer sich an den Hügeln stört, braucht etwas Geduld, bis das Tier von allein weiterzieht, und kann in der Zwischenzeit von seiner nützlichen Anwesenheit profitieren.

Was tun gegen Wühlmäuse?

Wühlmäuse im Gemüsebeet können große Schäden anrichten: Sie nagen an den Wurzeln, ziehen ganze Pflanzen in ihre Gänge, gefährden die Ernte und vermehren sich auch noch sehr schnell. In einem naturnah gestalteten Garten, in dem es Ecken gibt, wo Unkraut, wilde Blumen und Kräuter wachsen und gedeihen dürfen, ist das Risiko von Wühlmäusen im Gemüsebeet deutlich geringer, denn die Tiere können sich anderweitig Nahrung suchen, anstatt auf das von uns aufgestellte Gemüsebuffet angewiesen zu sein, vielleicht sogar umgeben von einer kargen „Wüste" aus englischem Rasen. Nicht immer besteht jedoch die Möglichkeit, den Garten entsprechend zu gestalten, oder es fehlt schlicht an Platz. In diesen Fällen kann vorbeugend unter Hochbeeten ein Wühlmausgitter angebracht werden. Zur Vertreibung im Beet gibt es diverse Hausmittel, etwa durch Geräusche, Gerüche oder das Anpflanzen von Ablenkungsgemüse.

Andere Tiere

Wie kann ich gegen Schnecken vorgehen?

Schnecken, insbesondere die rötlich-braune Spanische Wegschnecke, sind ungern gesehene Gäste im Gemüsebeet. Die invasive Nacktschneckenart ist ursprünglich nicht in Deutschland heimisch, hat hier kaum natürliche Feinde und verdrängt heimische Arten. Sie vermehrt sich stark und kann ganze Beete kahl fressen. Was also tun gegen Schnecken?

→ **Absammeln:** Die effektivste Methode ist das regelmäßige Absammeln, idealerweise morgens und abends. Dabei helfen Haferschleimfallen (flache Schälchen gefüllt mit Haferschleim), Holzbretter oder Gurkenscheiben. Die Schnecken sammeln sich dort und sind so leichter zu finden.

→ **Einfrieren oder mit heißem Wasser übergießen:** Wohin mit den gesammelten Schnecken? Als humane Methoden gelten das Einfrieren oder das Übergießen mit sprudelnd kochendem Wasser. Ungeeignet und unnötig grausam sind Methoden wie Salz, Schere oder Bierfallen. Auch das Aussetzen auf dem Kompost oder im Wald ist keine Option, da sie sich dort unkontrolliert weiter verbreiten würden.

→ **Schneckenkorn:** Ich rate von allen Schneckenkornsorten ab, auch von der weniger giftigen Variante mit Eisen-III-Phosphat. Es tötet nicht nur die gefräßigen und invasiven Wegschnecken, sondern auch geschützte und nützliche Arten wie die Weinbergschnecke oder den Tigerschnegel, einen natürlichen Gegenspieler der Wegschnecke.

→ **Vorbeugung:** Es gibt mehrere Methoden, Schnecken auf natürliche Weise fernzuhalten. So können Schneckenkragen und Schafwolle die Tiere davon abhalten, zu den Pflanzen zu gelangen. Kupferdrähte, vor allem solche, durch die ein leichter Strom fließt, haben sich besonders bei Hochbeeten bewährt. „Opferpflanzen" wie Studentenblumen (Tagetes) lenken die Schnecken ab. Auch hier sollte jedoch regelmäßig abgesammelt werden.

Schneckenkragen

Spanische Wegschnecke

Sind Vögel Nützlinge, oder können sie auch Schaden anrichten?

Vögel können im Garten Fluch und Segen zugleich sein. Sie picken Saatgut und Jungpflanzen aus dem Beet, ernähren sich aber auch von Schädlingen wie Drahtwürmern, Schnecken und mehr. Grundsätzlich ist es daher empfehlenswert, den Garten so zu gestalten, dass Vögel angelockt werden, etwa durch Nistkästen, Wasserstellen und Sträucher. Die junge Aussaat kann in der ersten Zeit mit Kulturschutznetzen vor ihnen geschützt werden.

KAPITEL 4

KRANK-HEITEN

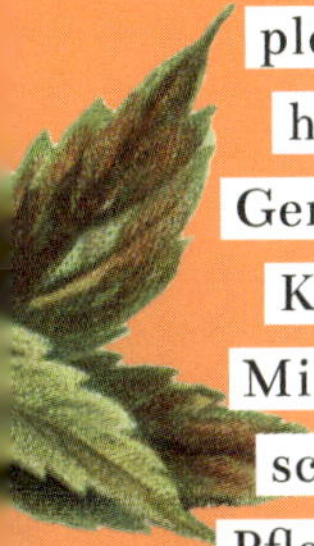

Der Schrecken ist oft groß, wenn im Gemüsebeet eine Pflanze plötzlich Merkmale aufweist, die auf eine Pflanzenkrankheit hindeuten. Es gibt viele gängige Hausmittel, mit denen viele Generationen von Gärtner*innen bereits gegen die verschiedenen Krankheiten vorgegangen sind. Diese erprobten, natürlichen Mittel sind oft schon im Haushalt vorhanden und bieten eine schonende und umweltfreundliche Alternative zu chemischen Pflanzenschutzmitteln, um die Gesundheit der Pflanzen zu stärken und die Ausbreitung von Erregern einzudämmen.

Wie kann ich allgemein Pflanzenkrankheiten vorbeugen?

Um Pflanzenkrankheiten und Pilzbefall vorzubeugen, gibt es einige bewährte Maßnahmen. Gesunde, kräftige Pflanzen sind grundsätzlich weniger anfällig. Achte daher darauf, dass die Pflanzen ausreichend Nährstoffe erhalten, entferne beschädigte Blätter frühzeitig und vermeide Spritzwasser auf den Blättern beim Gießen. Wassermangel und Hitzestress schwächen Pflanzen zusätzlich, eine Mulchschicht schützt den Boden vor Austrocknung und beugt Stress vor. Zur Stärkung der natürlichen Abwehrkräfte kannst du Pflanzen zusätzlich mit einem Ackerschachtelhalmsud besprühen und nützliche Bodenorganismen wie Mykorrhiza-Pilze einbringen. Ein ausreichender Pflanzabstand sorgt dafür, dass sich Krankheiten nicht so leicht ausbreiten. Wähle außerdem möglichst robuste, krankheitsresistente Sorten, gerade in den ersten Gartenjahren. Wenn Pflanzen in einer Saison von Krankheiten befallen waren, sollte in der nächsten Saison an derselben Stelle keine gleiche oder verwandte Kultur angebaut werden. Krankheitserreger können im Boden überdauern und neue Pflanzen infizieren. Befallene Pflanzenteile dürfen nicht auf den Kompost, da Krankheitserreger dort überleben und mit dem Kompost wieder ins Beet gelangen können.

Was ist das Gurkenmosaikvirus?

Das Gurkenmosaikvirus betrifft, wie der Name schon vermuten lässt, hauptsächlich Gurkenpflanzen. Auch andere Gemüsesorten aus derselben Pflanzenfamilie, etwa Kürbisse, Zucchini und Melonen, können befallen werden. Das Virus äußert sich durch eine typische Blattmaserung, die an ein Mosaikmuster erinnert. Eine Bekämpfung ist nicht möglich. Sobald du einen Befall feststellst, solltest du die betroffene Pflanze umgehend entfernen und im Hausmüll entsorgen. Die Früchte sind oft verformt und weisen ebenfalls Flecken auf. Übertragen wird das Virus unter anderem durch Blattläuse. Diese solltest du deshalb bei Kürbisgewächsen schnell entfernen. Es gibt Gurkensorten, die eine gewisse Resistenz gegen das Virus aufweisen. Das Gurkenmosaikvirus kann auf den ersten Blick mit falschem Mehltau verwechselt werden. Falscher Mehltau betrifft jedoch nicht die Früchte und bildet zusätzlich an der Blattunterseite einen grauen Belag.

Was ist die Kraut- und Braunfäule, und wie kann ich ihr vorbeugen?

Die Kraut- und Braunfäule ist eine der wohl gefürchtetsten Krankheiten bei Tomaten und Kartoffeln. Sie zeigt sich durch braune Flecken auf Stielen, Blättern und Früchten, die nach und nach welken, schwarzbraun werden und absterben. Ist eine Pflanze stark betroffen, solltest du sie komplett entfernen und im Hausmüll entsorgen, um die Ausbreitung zu verhindern. Auch betroffene Früchte solltest du nicht mehr essen. Bei der Kraut- und Braunfäule handelt es sich um eine Pilzkrankheit. Es gibt zwar Fungizide, diese helfen jedoch nur im sehr frühen Stadium. Viel wichtiger ist die Vorbeugung: Die Pilzsporen verbreiten sich bei feucht-warmer Witterung über Spritzwasser. Sie gelangen vom Boden durch Regen- oder Gießwasser auf die unteren Blätter der Pflanze. Daher werden Tomaten häufig unter einem Dach angebaut. Die untersten Blätter solltest du entfernen, um Bodenkontakt zu vermeiden. Auch ausreichend Abstand zwischen den Pflanzen ist wichtig. Die Blätter der Pflanzen sollten sich gegenseitig nicht berühren, damit die Luft gut zirkulieren kann. Tomaten und Kartoffeln solltest du nicht nebeneinander anbauen, da sie sich gegenseitig anstecken können. Es gibt robuste Sorten, vor allem spezielle Freilandtomaten, die eine gewisse Resistenz zeigen. Zudem kann regelmäßiges Besprühen mit Ackerschachtelhalmsud wegen seiner pilzhemmenden Wirkung die Pflanzen stärken und einem Befall vorbeugen.

Was ist Mehltau, und wie behandle ich ihn?

Mehltau tritt fast jedes Jahr im Garten auf, besonders an Zucchini-, Kürbis- und Gurkenpflanzen, aber auch an Kräutern, Blumen, Tomaten oder anderem Gemüse. Es gibt zwei Arten von Mehltau: den echten und den falschen Mehltau. Echter Mehltau tritt häufig bei trockenem, warmem Wetter auf und äußert sich als weißer, mehliger Belag auf der Blattoberseite, manchmal auch an Stielen. Falscher Mehltau bevorzugt feuchtes Wetter und ist meist auf der Blattunterseite als weißlichgrauer oder bräunlicher Belag erkennbar. An der Oberseite bilden sich gelbe Flecken. Beides sind Pilzkrankheiten, gegen die es gute natürliche Mittel gibt. Echten Mehltau habe ich schon oft erfolgreich mit einer Milch-Wasser-Mischung behandelt. Dazu vermengst du einen Teil Milch mit acht Teilen Wasser und sprühst die betroffene Pflanze wiederholt damit ein. Gegen beide Arten kannst du außerdem Ackerschachtelhalmsud verwenden, er wirkt vorbeugend und antifungal. Auch verdünntes Neemöl oder Speiseöl kann zum Einsatz kommen. Beim Sprühen solltest du immer sowohl Blattober- als auch -unterseiten sowie Stiele behandeln. Stark befallene Blätter solltest du entfernen und im Hausmüll entsorgen. Die Früchte der befallenen Pflanzen kannst du bedenkenlos verzehren, sofern sie keine Fäulnis oder Schimmelerscheinungen zeigen.

Wann spricht man bei Pflanzen von Rost, und wie kann ich ihn vermeiden?

Rost ist eine Pilzkrankheit, die an vielen verschiedenen Pflanzen auftreten kann, etwa an Bohnen, Erbsen, Zwiebeln, Lauch oder Salat. Das Erscheinungsbild erinnert in Farbe und Form an Rostflecken auf Metall, daher der Name. Befallene Pflanzenteile solltest du entfernen. Zur Stärkung der Pflanze kannst du antifungalen Ackerschachtelhalmsud sprühen. Um einem Rostbefall langfristig vorzubeugen, solltest du bei der Fruchtfolge darauf achten, nicht die gleichen Kulturen mehrfach hintereinander am selben Standort anzubauen. Auch ausreichender Pflanzabstand, der für gute Luftzirkulation sorgt, kann das Infektionsrisiko verringern. Befallene Pflanzenteile solltest du nicht essen.

Was ist die Umfallkrankheit, und wie kann ich ihr vorbeugen?

Dieses Phänomen tritt bei Keimlingen auf: Die jungen Pflanzen sehen zunächst gesund aus, knicken dann aber plötzlich direkt über der Erde ab und gehen ein. Die betroffene Stelle ist häufig von einem dunklen Ring umgeben. Sobald die Pflanzen kräftiger sind und sich die ersten Laubblätter gebildet haben, sind sie kaum noch anfällig für diese Krankheit. Ausgelöst wird sie durch Pilze, die sich bereits in der Erde befinden. Betroffene Pflanzen solltest du samt Erde entsorgen. Um der Krankheit vorzubeugen, solltest du das Substrat nicht zu nass halten – ein schmaler Grat, da Keimlinge eine durchgehend feuchte, aber nicht nasse Erde benötigen. Eine weitere Möglichkeit zur Vorbeugung ist das Sterilisieren der Anzuchterde im Backofen oder der Mikrowelle. Dabei werden jedoch nicht nur mögliche Schadpilze, sondern auch nützliche Mikroorganismen abgetötet.

KAPITEL 5

PFLANZEN

Um gut durchs Gartenjahr im Nutzgarten zu kommen, ist es entscheidend, sich umfassend mit den einzelnen Kulturen vertraut zu machen. Denn dieses Wissen ermöglicht nicht nur die richtige Sortenauswahl, sondern gibt dir auch die Fähigkeit, auf individuelle Bedürfnisse wie Nährstoffe, Standort und Wasserversorgung gezielt einzugehen und so die Gesundheit jeder Pflanze zu sichern.

Gut zu wissen

Ein Kommentar zum Thema Heilpflanzen

Viele Blumen und Kräuter werden in der Naturheilkunde aufgrund ihrer vielseitigen Eigenschaften verwendet. Auch ich nutze gerne die Wirkung verschiedener Pflanzen in Salben oder Tees. Dennoch ist mir wichtig zu betonen: Bei ernsthaften Beschwerden und Erkrankungen solltest du immer ärztlichen Rat einholen. In vielen Fällen können natürliche Mittel begleitend zur Schulmedizin eingesetzt werden, sind jedoch kein Ersatz. Bitte sprich auch mit deinen Ärzt*innen darüber, welche naturheilkundlichen Mittel du verwendest, denn es kann zu Wechselwirkungen mit anderen Medikamenten kommen. Ich empfehle dir daher dringend, dich ausführlich über wissenschaftlich fundierte Quellen zu informieren, bevor du Kräuter aus deinem Garten zu medizinischen Zwecken nutzt. Es gibt diverse Studien zur medizinischen Wirkung vieler Pflanzen, doch leider kursieren auch zahlreiche unbelegte Behauptungen im Netz. In diesem Buch werde ich nicht im Detail auf die Heilwirkungen bestimmter Pflanzen eingehen, da ich selbst keine medizinische Ausbildung habe.

Die Kapuzinerkresse wird oft von Blattläusen befallen. Diese wiederum sind ein gefundenes Fressen für Marienkäfer.

Was sind Opferpflanzen?

Opferpflanzen werden gezielt ins Beet gepflanzt, um Schädlinge von den eigentlichen Kulturpflanzen abzulenken. Die Schädlinge konzentrieren sich stattdessen auf die für sie attraktiveren Opferpflanzen, wo sie gezielt bekämpft oder bewusst toleriert werden können. Besonders wichtig: Je nach Stärke des Befalls solltest du auch die Schädlinge an den Opferpflanzen kontrollieren, da diese sonst früher oder später aufgrund des Befalls absterben können.

Bohne

Steckbrief

Aussaat/Anzucht	Direktsaat ab Mitte Mai
Dunkel-/Lichtkeimer	Dunkelkeimer, Saattiefe: 2 cm
Pflanzabstand	Buschbohne: 10 cm / Stangenbohne: 5 cm (5 Bohnen pro Stange)
Größe/Wuchs	Buschbohne: buschig, 30–60 cm hoch / Stangenbohne: rankend (empfohlene Rankhilfenhöhe ist 2 m)
Ernte	Buschbohne: nach 2 Monaten, Stangenbohne: nach 3 Monaten

Welche Wuchsform hat die Gartenbohne, und wie kann ich sie unterstützen?

Bei grünen Bohnen wird zwischen der Wuchsform von Stangenbohnen und Buschbohnen unterschieden. Stangenbohnen bilden mehrere Meter lange Triebe und benötigen eine Rankhilfe, um die sich die Triebe winden können. Häufig werden dafür Stangen neben die Pflanzen gesteckt – daher der Name. Eine beliebte Rankhilfe für Stangenbohnen ist das sogenannte Bohnentipi: Dafür steckst du mehrere lange Stäbe kreisförmig in die Erde und bindest sie oben zusammen. Die Bohnen legst du rund um den Kreis, sie begrünen das Tipi im Laufe der Saison. Buschbohnen hingegen wachsen ihrem Namen entsprechend in kompakter Buschform. Sie werden meist nicht höher als einen halben Meter, bringen aber ähnlich hohe Erträge wie Stangenbohnen. Buschbohnen werden häufig in Reihen ausgesät, können aber auch in Horsten ausgesät werden. Das bedeutet, dass etwa 4–6 Bohnen ins selbe Pflanzloch gelegt werden. Die Pflanzen wachsen dabei eng beieinander, stützen sich gegenseitig und lassen sich in diesen Grüppchen besonders gut beernten. Bohnen gibt es übrigens in vielen verschiedenen Farben und Größen, von grün über gelb bis lila und mehr.

Was ist der Unterschied zwischen grünen Bohnen, die mitsamt Hülse gegart und verzehrt werden, und Trockenbohnen?

Grundsätzlich handelt es sich bei beiden um dieselbe Pflanzenart. Der Unterschied liegt vor allem im Erntezeitpunkt und der Züchtung. Grüne Bohnen, wie zum Beispiel Brechbohnen oder die besonders zarten Prinzessbohnen, werden unreif geerntet und mitsamt Schote gekocht. Je länger du mit der Ernte wartest, desto größer und härter werden die Bohnen im Inneren, und desto fester und zäher wird die Hülse. Trockenbohnen dagegen lässt man komplett ausreifen. Die Hülsen trocknen an der Pflanze ein, die Bohnenkerne werden hart und lagerfähig. Es gibt spezielle Sorten, die besonders viele oder schöne Trockenbohnen bilden. Sie eignen sich nicht so gut für die Ernte im grünen Zustand, weil die Hülsen oft zäh oder faserig sind. Manche Sorten kannst du aber flexibel nutzen, jung als grüne Bohne, später als Trockenbohne. Bei der Sortenauswahl solltest du daher den späteren Verwendungszweck bedenken.

Wann sollte ich Gartenbohnen ernten?

Bohnen solltest du regelmäßig ernten, im Sommer am besten alle zwei bis drei Tage. Junge Bohnen sind oft noch klein und biegsam. Sobald sich eine Bohne mit den Fingern leicht in der Mitte brechen lässt, ohne dass sie sich biegt, ist sie erntereif. Eine regelmäßige Ernte regt die Pflanze zur Bildung neuer Blüten an und steigert so den Gesamtertrag. Die Bohnen solltest du nicht zu lange an der Pflanze lassen: Je größer sie werden, desto eher wird die Hülse faserig und zäh. Auch die Bohnen im Inneren sollten noch nicht so dick sein, dass sie sich deutlich durch die Schale abzeichnen. Die Ernte funktioniert ganz einfach: Du kannst die Bohnen vorsichtig mit den Fingern abknipsen.

TIPP Ich pflanze gerne bunte Bohnen: Es ist leichter, sie im Blattgrün zu finden und zu ernten.

Was ist besonders an der Ackerbohne (auch Puffbohne/Dicke Bohne)?

Ackerbohnen gehören zu den ersten Gemüsesorten, die im Jahr gesät werden können – oft schon ab Februar, da sie sehr frostunempfindlich sind. Auch sonst sind sie pflegeleicht und stellen keine großen Ansprüche, abgesehen von ihrem hohen Wasserbedarf. Sie lassen sich problemlos im Beet, im Hochbeet oder sogar im Topf anbauen. Im Gegensatz zu grünen Bohnen werden bei der Ackerbohne nicht die Hülsen gegessen, sondern nur die großen, ausgereiften Samen. Diese kannst du frisch verwenden oder an der Pflanze ausreifen und trocknen lassen, so eignen sie sich auch zur langfristigen Lagerung.

Erbse

Steckbrief

Aussaat/Anzucht	Direktsaat ab März
Dunkel-/Lichtkeimer	Dunkelkeimer, Saattiefe: 3 cm
Pflanzabstand	5 cm in der Reihe
Größe/Wuchs	rankend: empfohlene Rankhilfenhöhe ist 2 m (es gibt auch buschig wachsende, nicht rankende Sorten)
Ernte	nach 3–4 Monaten

Wie baue ich am besten Erbsen an?

Erbsen kannst du 12–24 Stunden vor dem Auspflanzen in Wasser einweichen, um die Keimquote zu erhöhen und die Keimung zu beschleunigen. Im Beet kannst du sie im Abstand von drei bis fünf Zentimetern etwa zwei bis drei Zentimeter tief in die Erde bringen. Du kannst es dir einfach machen, indem du zuvor eine Rille ziehst oder die Erbsen einzeln mit dem Finger in die lockere Erde drückst. Erbsen sind grundsätzlich frostverträglich und können daher schon ab März ins Beet kommen. Nur Markerbsen sind etwas kälteempfindlich und sollten erst ab

April ausgesät werden. Es gibt auch Wintererbsen, die im späten Herbst ausgesät werden, austreiben, als Pflanze überwintern und im Frühling mit einem großen Vorsprung wachsen. Sie können oft ab Mai beerntet werden. Erbsen bilden kleine Rankorgane, mit denen sie sich an Gittern und benachbarten Pflanzen festhalten. Es lohnt sich, ihnen eine Rankhilfe aufzustellen. Einige Sorten wachsen jedoch kleiner und kompakter und brauchen daher, ähnlich wie Buschbohnen, kein Rankgestell.

Wird die Schote gegessen oder nur die Erbse?

Grundsätzlich wird zwischen Zucker-, Mark- und Schalerbse unterschieden. Durch Züchtungen sind die Übergänge jedoch mittlerweile fließend, sodass pauschale Aussagen nicht immer allgemeingültig sind. Generell gilt jedoch:

- → Zuckererbsen können mitsamt Schale roh oder gekocht gegessen werden.
- → Markerbsen können roh oder gekocht verzehrt werden. Man isst die Erbsen ohne die Schote. Sie eignen sich nicht zum Trocknen, können jedoch blanchiert eingefroren werden.
- → Schalerbsen werden nur gekocht verwendet. Sie eignen sich gut zum Trocknen und können zu einem späteren Zeitpunkt rehydriert und weiterverarbeitet werden.

TIPP Die klassischen Kaiserschoten sind junge Zuckererbsen, bei denen sich die Körner noch nicht vollständig ausgebildet haben.

Welche Funktion im Beet erfüllen Erbsen?

Wie alle Leguminosen, also Hülsenfrüchte, haben Erbsen die Fähigkeit, über ihre Wurzeln Stickstoff zu binden. Dieser wird mithilfe von Knöllchenbakterien aus der Luft in eine für Pflanzen verwertbare Form umgewandelt.

Das kannst du sogar beobachten: Wenn du die Wurzeln ausgräbst, siehst du kleine Verdickungen oder eben Wurzelknöllchen, in denen der Umwandlungsprozess stattfindet. Daher ist es sinnvoll, die Wurzeln nach der Ernte im Boden zu belassen. Sie reichern den Boden beim Verrotten mit Stickstoff an, der für nachfolgende Pflanzen verfügbar wird.

Karotte

Steckbrief

Aussaat/Anzucht	März bis Juli
Dunkel-/Lichtkeimer	Lichtkeimer, Saattiefe: 0,5–1 cm
Pflanzabstand	3 cm
Größe/Wuchs	Wurzelgemüse
Ernte	nach 3–5 Monaten

Wie keimen meine Karotten zuverlässig?

Karotten sind dafür bekannt, eine sehr lange Keimphase zu haben. Oft zeigen sich erst nach zwei Wochen, manchmal sogar erst nach einem Monat, die ersten Keimlinge. In dieser Zeit ist es entscheidend, dass du die Erde gleichmäßig feucht hältst, ansonsten verzögert sich die Keimung weiter, oder die jungen Keimlinge sterben ab. Ein bewährter Trick ist die Kombination mit Radieschen in derselben Saatreihe. Die Radieschen dienen nicht nur als Markierungssaat, durch ihr schnelles Wachstum beschatten sie mit ihrem Blattwerk die Erde und helfen so, die Feuchtigkeit zu halten. Sie sind zudem sehr viel früher erntereif als die Karotten und konkurrieren daher nicht um Platz. Eine weitere Methode, die Feuchtigkeit zu halten, ist das Abdecken der Saatreihe mit einem flachen Brett oder einer Holzleiste. Unter dem Holz hält sich die Feuchtigkeit besser, zudem profitieren die Karotten als Dunkelkeimer von der Lichtabschirmung. Außerdem werden die Samen bei starkem Regen und vom Gießen nicht hochgeschwemmt. Sobald die ersten Keimlinge zu sehen sind, wenn du das Holz anhebst, solltest du es entfernen.

Wie vermehre ich Karotten?

Karotten werden über Saatgut vermehrt, aber wie kannst du dieses eigentlich selbst gewinnen? Lässt du eine Karotte den Winter über im Beet, anstatt sie zu ernten, wächst sie im folgenden Frühling weiter. Dann steckt sie ihre Energie nicht mehr in die Wurzelbildung, sondern bildet eine große, doldenförmige Blüte, die besonders bei Insekten sehr beliebt ist. Sobald die Blütenstände vollständig getrocknet sind, kannst du sie abschneiden und ausschütteln. Dabei löst sich das getrocknete Saatgut, und du kannst es in einer Papiertüte sammeln.

Was muss ich für eine erfolgreiche Ernte beachten?

Wenn du von langen, geraden Karotten träumst, solltest du vor allem auf die Bodenstruktur achten: Damit die Wurzeln ungehindert in die Tiefe wachsen können, muss die Erde möglichst locker sein. Schwere Böden kannst du durch das Beimischen von Sand verbessern und mit Gründüngung lockern und belüften. Steinige Böden behindern das Wachstum, da sie den Wurzeln als Hindernisse im Weg sind. Karotten profitieren besonders von der Mischkultur mit Zwiebeln, denn deren Geruch schreckt die Karottenfliege ab, einen häufig auftretenden Schädling. Karotten werden direkt ins Beet gesät und nicht vorgezogen, da das Umsetzen die feinen Wurzeln beschädigen kann. Sobald das Karottengrün etwa zehn Zentimeter hoch ist, solltest du ausdünnen: Zwischen den einzelnen Pflanzen sollte etwa zwei Fingerbreit Platz sein. Die dabei geernteten Mini-Karotten sind samt Grün essbar und können z. B. im Salat verwendet werden. Karotten kannst du von März bis Juli säen, je nach Sorte und gewünschtem Erntezeitpunkt.

Wie lagere ich Karotten?

Grundsätzlich empfiehlt es sich, Karotten nur bedarfsweise zu ernten. Sie können bis zum ersten Frost problemlos in der Erde bleiben, so sparst du dir das Einlagern und den Platz im Haus. Erfahrungsgemäß eignen sich frühe Karotten, die im Sommer geerntet werden, schlechter für eine längere Lagerung als Herbst- oder Winterkarotten. Wichtig: Vor der Lagerung im Haus solltest du das Grün entfernen, am besten, indem du es mit der Hand „abdrehst". Die Wurzeln solltest du auf keinen Fall waschen, da du dabei die schützende Erdschicht entfernst, was zu schnellerem Austrocknen führt. Am besten lagerst du daher die Karotten ungewaschen samt Erdresten, in Zeitungspapier eingeschlagen, im Kühlschrank oder in einem kühlen Raum. Sie halten sich so einige Wochen. Für eine längere Lagerung eignet sich eine Kiste mit feuchtem Sand. Das größte Problem bei der Lagerung ist nämlich der Feuchtigkeitsverlust, der zu schrumpeligen, trockenen Karotten führt. Daher profitieren Karotten, anders als viele andere Gemüsesorten, von einer leicht feuchten Lagerumgebung, wie sie im Kühlschrank oder in einer Kiste mit feuchtem Sand herrscht.

Pflanzen

Kartoffeln

Steckbrief

Aussaat/Anzucht	Pflanzung ab April, ca. 10 cm tief
Dunkel-/Lichtkeimer	Vorkeimen der Knolle ist bei Dunkelheit und Lichtzufuhr möglich
Pflanzabstand	30 cm
Größe/Wuchs	Knollengewächs
Ernte	nach 3–5 Monaten

Kann ich Supermarkt-Kartoffeln zum Pflanzen verwenden?

Grundsätzlich empfiehlt es sich, Pflanzkartoffeln zu kaufen. Sie sind speziell für den Anbau ausgewählt und liefern sehr wahrscheinlich einen guten Ertrag, während Kartoffeln aus dem Supermarkt mit keimungshemmenden Mitteln behandelt sein könnten. Nichtsdestotrotz ist es möglich, auch diese Kartoffeln anzubauen. Wenn du dieses Experiment wagen möchtest, solltest du in jedem Fall auf Bio-Kartoffeln, bestenfalls sogar ungewaschene, zurückgreifen.

Müssen Kartoffeln vorgekeimt werden?

Grundsätzlich musst du Kartoffeln nicht vorkeimen lassen. Du kannst sie direkt in die Erde setzen, sie treiben dort ganz von selbst aus. Das Vorkeimen bringt jedoch einige Vorteile: Die vorgekeimten Kartoffeln haben einen Wachstumsvorsprung, was zu einer früheren Ernte führen kann. Außerdem lassen sich große Pflanzkartoffeln vor dem Keimen in zwei oder drei Teile schneiden. Wichtig ist, dass jeder Teil ein gesundes „Auge" hat, aus dem ein Keim sprießen kann. Aus jedem Teil entwickelt sich eine eigene Pflanze, was den Ertrag pro Saatkartoffel deutlich steigern kann. Wenn du keine Zeit oder keinen Platz zum Vorkeimen hast, kannst du darauf verzichten, die Ernte verschiebt sich dann einfach etwas nach hinten.

Wie werden Kartoffeln angehäufelt?

Kartoffelreihen werden während ihres Wachstums in der Regel angehäufelt. Das bedeutet, du schüttest die Erde rund um die Pflanze auf, sodass etwa zwei Drittel des unteren Pflanzenteils bedeckt sind. Dies solltest du tun, bevor die Kartoffelpflanzen zu blühen beginnen, denn die Blüte zeigt an, dass die Pflanze bereits mit der Knollenbildung begonnen hat. Durch das Anhäufeln können sich in dem Bereich zusätzliche Kartoffeln bilden. Es verhindert zudem, dass Kartoffeln zu nah an der Oberfläche wachsen. Wenn Knollen Sonnenlicht ausgesetzt sind, bilden sie grüne Stellen. Diese enthalten Solanin, einen giftigen Stoff, der beim Verzehr zu Übelkeit und anderen Beschwerden führen kann.

Knoblauch

Steckbrief

Aussaat/Anzucht	Sommerknoblauch: März, Winterknoblauch: September/Oktober
Dunkel-/Lichtkeimer	Knoblauchzehe 3cm tief mit der Spitze nach oben in die Erde stecken.
Pflanzabstand	10cm
Ernte	Winterknoblauch: 8–10 Monate, Sommerknoblauch 4–6 Monate

Wie pflanze ich Knoblauch?

Die einfachste und gängigste Methode, Knoblauch anzupflanzen, ist der Kauf von Pflanzknoblauch. Die einzelnen Zehen werden in die Erde gesteckt und entwickeln sich dort innerhalb weniger Monate zu einer erntereifen Knolle. Eine andere, etwas aufwendigere Variante ist das Pflanzen von Knoblauch-Brutzwiebeln (Bulbillen). Wenn Knoblauch Blüten bildet, entstehen am oberen Ende des Blütenstängels Mini-Zwiebeln. Darin befinden sich mehrere erbsengroße, murmelartige Knoblauch-Bulbillen, auch Brutzwiebeln genannt. Diese können eingepflanzt werden. Allerdings kann bei dieser Methode eine typische Knoblauchknolle erst nach etwa zwei Jahren geerntet werden.

Kann ich Knoblauch aus dem Supermarkt vermehren?

In der Theorie kann Knoblauch aus dem Supermarkt im eigenen Garten eingepflanzt werden. Allerdings wird allgemein davon abgeraten, denn der Supermarkt-Knoblauch wird meist aus südeuropäischen Ländern importiert und ist somit an andere Wetterbedingungen gewohnt, als sie hier zu finden sind. Zudem ist er oft mit Keimstoppmitteln behandelt worden. Die Erfolgschancen sind somit nicht gewiss. Wer das Experiment dennoch wagen will, sollte idealerweise zu Bio-Sorten greifen, vorzugsweise aus der Region.

Kohl

Steckbrief

Aussaat/Anzucht	Vorkultur ab Februar/März, auspflanzen ab Mitte Mai
Dunkel-/Lichtkeimer	Dunkelkeimer, Saattiefe: 1–2 cm
Pflanzabstand	50 cm
Ernte	je nach Sorte extrem unterschiedlich: Blumenkohl, Brokkoli, Weißkohl, Spitzkohl nach 2–4 Monaten, Wirsing und Grünkohl bis zu 8 Monate

Warum blüht der Kohl?

Wenn Kohl Blüten bildet („schießt"), anstatt einen festen Kopf zu entwickeln, liegt das meist am falschen Pflanz- oder Erntezeitpunkt, an Wassermangel oder an starken Temperaturschwankungen. Besonders wenn Kohl zu früh gesät oder als Jungpflanze ins Beet gesetzt wird, während es noch sehr kalt ist, kann es passieren, dass er in die Blüte geht. Eigentlich bildet Kohl erst im zweiten Jahr Blüten. Eine längere Kältephase, gefolgt von deutlich wärmerem Wetter, kann aber den Impuls zur Blütenbildung auslösen, als wäre der Winter bereits vorbei. Auch Stressauslöser wie Trockenheit oder Hitze können dazu führen, dass die Pflanze ihre Energie in die Blütenbildung steckt, um sich vorzeitig und möglichst schnell zu vermehren. Um das zu vermeiden, solltest du Kohl nicht zu früh auspflanzen und gleichmäßig mit Wasser versorgen. Kulturschutznetze können helfen, indem sie durch das darunter entstehende Mikroklima und eine leichte Schattierung vor Hitzestress schützen.

Warum bildet mein Kohlrabi keine Knollen?

Ein häufiger Grund dafür, dass Kohlrabi keine Knollen bildet und stattdessen nur Blattmasse entwickelt, ist der falsche Aussaatzeitpunkt. Die Sortenwahl spielt hierbei eine große Rolle: Während einige Sorten für den Anbau im kühlen Frühjahr geeignet sind, sind andere Sorten besonders hitzeresistent und kommen auch gut mit sommerlicher Wärme zurecht. Wichtig ist außerdem, dass du den Kohlrabi dort pflanzt,

wo er ausreichend Licht erhält, und ihn gleichmäßig mit Wasser versorgst. Düngen solltest du ihn sparsam. Auch Platzmangel durch zu enges Pflanzen oder eine zu tiefe Aussaat beziehungsweise ein zu tiefes Setzen der Jungpflanzen, wodurch der Knollenansatz unter der Erde liegt, kann das Wachstum der Knolle hemmen. Wenn Standort, Sorte und Pflege stimmen, steht einer erfolgreichen Ernte nichts im Weg.

TIPP Es gibt besonders „schoßfeste" Kohlsorten, die so gezüchtet wurden, um nicht schnell in die Blüte zu gehen.

Wie kann ich die Kohlernte vergrößern?

Kohl nimmt viel Platz im Beet ein, liefert jedoch oft nur eine einzige Ernte. Mit zwei einfachen Tricks kannst du den Ernteertrag deutlich steigern. Ein wenig bekannter, aber äußerst effektiver Trick ist es, den Kohlkopf knapp über dem Boden mit einem scharfen Messer abzuschneiden. Der Strunk und die äußeren Blätter verbleiben dabei im Beet, sie können leicht eingekürzt werden. Schon nach wenigen Wochen bilden sich rund um den Strunk mehrere kleine, etwa tennisballgroße Mini-Kohlköpfe. Das funktioniert bei fast allen Kopfkohlsorten wie Wirsing, Weißkohl, Rotkohl, Spitzkohl und sogar Blumenkohl. Auch Brokkoli bildet nach der Ernte des Hauptkopfes entlang des Stiels viele kleine Seitentriebe mit neuen Röschen. Ein weiterer Trick, die Kohlernte zu verlängern, ist die selektive Blatternte: Statt den ganzen Kopf zu schneiden, kannst du bei Sorten wie Wirsing einzelne äußere Blätter regelmäßig ernten und verarbeiten. Grünkohl und Palmenkohl sind zudem klassische Beispiele für Kohlsorten, die über viele Wochen stehen bleiben und Stück für Stück beerntet werden.

Wachstum kleiner Kohlköpfe am Strunk nach etwa einer Woche

Wachstum kleiner Kohlköpfe am Strunk nach etwa zwei Wochen

Kürbisgewächse
Gurke, Zucchini, Kürbis

Ich fasse in diesem Kapitel viele Informationen zusammen, die für sämtliche Pflanzen der Kürbisgewächse gelten, dazu zählen auch Zucchini und Gurken. Eine Trennung in einzelne Kapitel wäre irreführend, da viele der Informationen für alle genannten Pflanzen gelten und hier nicht doppelt aufgeführt werden sollen.

Steckbrief

Aussaat/Anzucht	Vorkultur ab April, Direktsaat und Auspflanzen ab Mitte Mai
Dunkel-/Lichtkeimer	Dunkelkeimer, Saattiefe: 2 cm
Pflanzabstand	Gurke: 50 cm, Zucchini: 1 m, Kürbis: 1–2 m
Größe/Wuchs	rankend: Ausläufer ranken auf dem Boden (üblich bei Zucchini & Kürbis) oder an Rankhilfe (üblich bei Gurke)
Ernte	Gurke und Zucchini: nach 2–3 Monaten, Kürbis: nach 3–5 Monaten

Sollte ich bei Kürbisgewächsen die Blüten entfernen?

Es wird empfohlen, die ersten Blüten von Kürbis, Zucchini und Gurke zu entfernen, damit die Pflanze ihre Energie zunächst in die Ausbildung eines kräftigen Blatt- und Wurzelwerkes steckt, bevor sie Energie in die Fruchtbildung investiert. Die gängige Faustregel besagt, dass man bis zum dritten Blattpaar warten sollte, bevor man die Pflanze blühen lässt.

Ich persönlich befolge diese Regel, da ich die Erfahrung gemacht habe, dass die frühe Entwicklung von Früchten, besonders bei Gurkenpflanzen, die Pflanze schwächt. Sie wächst während der Fruchtbildung kaum weiter, wenn sie noch sehr klein ist.

Ist ein Rankgitter nötig?

Die meisten Gurkensorten sind rankend und brauchen eine stabile Rankhilfe, an der sie sich festhalten können. Ein vertikales Wachstum spart Platz, sorgt für eine bessere Luftzirkulation und verhindert, dass die Früchte auf dem Boden liegen, wo sie leicht faulen können. Es gibt auch buschige Gurkensorten, die ohne Rankgitter auskommen. Sie bleiben kompakt und eignen sich gut für Kübel und kleine Beete. Zucchini und Kürbisse wachsen in der Regel kriechend am Boden entlang. Wenn du jedoch einen kleinen Garten hast, kann es sich lohnen, Zucchinipflanzen an einem Gitter oder einem Pfahl hochzubinden. So berühren Blätter und Früchte nicht den Boden und trocknen nach dem Regen schneller, was Pilzkrankheiten vorbeugt.

Was muss ich beim Anbau im Gewächshaus beachten?

Da die meisten Kürbisgewächse männliche und weibliche Blüten haben und, anders als Tomaten und Paprika, keine Selbstbestäuber sind, sind sie auf Bestäuber angewiesen, die den Pollen von der männlichen zur weiblichen Blüte tragen. Deshalb solltest du das Gemüsebeet so gestalten, dass Bestäuber wie Bienen und Hummeln durch blühende Pflanzen und Blumen angelockt werden. Beim Anbau im Gewächshaus solltest du darauf achten, es nicht geschlossen zu halten, damit die Insekten hineingelangen und ihre Arbeit tun können. Wenn es doch einmal Zweifel geben sollte, ob genügend Insekten Zugang zur Pflanze haben, kannst du nachhelfen: Dafür pflückst du eine männliche Blüte ab und reibst das Staubblatt vorsichtig über den Stempel der weiblichen Blüte, an der sich später die Früchte bilden, um den Pollen zu übertragen und die Befruchtung zu sichern. Es gibt auch spezielle Züchtungen, die ausschließlich weibliche Blüten bilden und keine Bestäubung benötigen. Sie eignen sich besonders für den Gewächshausanbau.

Männliche Blüte (langer Stiel) und weibliche Blüte (kleiner Fruchtansatz)

Merkmale zur Unterscheidung im Blüteninneren

Warum fallen die Früchte ab?

Oft passiert es, dass Früchte gelb werden und abfallen, wenn sie nur wenige Zentimeter groß sind. In den meisten Fällen deutet dies nicht auf eine Krankheit hin, sondern bedeutet schlicht, dass die weibliche Blü-

te nicht bestäubt wurde. Kürbisgewächse bilden männliche und weibliche Blüten. Männliche Blüten sitzen auf einem langen, dünnen Stiel, während weibliche Blüten auf einem kleinen Fruchtansatz sitzen, der späteren Frucht in Miniaturform. Wird die weibliche Blüte bestäubt, wächst dieser Ansatz weiter zur Frucht heran. Bleibt die Bestäubung aus, fällt er mitsamt Blüte ab.

Warum lässt die Pflanze die Blätter hängen?

Kürbisgewächse sind dafür bekannt, besonders als Jungpflanzen sehr empfindlich auf Trockenheit und Hitze zu reagieren. Sie lassen dann schnell die Blätter hängen, was oft dramatisch wirkt, meist ist das aber kein Grund zur Sorge. Solange sie sich noch in Töpfen befinden und nicht ins Gemüsebeet gepflanzt wurden, helfen oft Schatten und etwas Gießwasser: Die Blätter richten sich innerhalb kurzer Zeit wieder auf. Die Wurzeln von Kürbisgewächsen sind übrigens sehr empfindlich. Viele Gärtner*innen verzichten deshalb aufs Pikieren und säen direkt in größere Töpfe. Wird das Wurzelsystem beim Umtopfen oder Pikieren beschädigt, lässt die Pflanze ebenfalls häufig die Blätter hängen. Ich habe die Erfahrung gemacht, dass sie sich davon schnell erholt, es gibt aber auch gegenteilige Berichte.

Warum schmecken die Früchte bitter?

Kürbisse, Gurken und Zucchini sollten auf keinen Fall gegessen werden, wenn sie bitter schmecken, das kann nämlich gefährlich werden. Doch warum werden sie überhaupt bitter? Dafür gibt es zwei Hauptgründe: Bei anhaltender Trockenheit und Hitze produzieren die gestressten Pflanzen vermehrt den sonst nur in Spuren enthaltenen Bitterstoff Cucurbitacin. Dieser schmeckt extrem bitter und kann beim Menschen schwere Magen-Darm-Beschwerden auslösen. In extremen Fällen kann es sogar zu lebensgefährlichen Vergiftungen kommen. Wird die Pflanze wieder regelmäßig gegossen und der Hitzestress reduziert, bildet sie schon bald wieder unbedenkliche Früchte ohne Bitterstoffe. Ein weiterer Grund für die vermehrte Produktion von Cucurbitacin kann sein, dass das Saatgut aus einer ungewollten Kreuzung stammt. Vor allem eine Kreuzung mit Zierkürbissen kann das auslösen, aber auch Rückmutationen zu früheren Wildformen können den Bitterstoff wieder hervorbringen. Deshalb sollten Hobbygärtner*innen besser kein Saatgut von Kürbisgewächsen aus dem eigenen Garten gewinnen, wenn eine unkontrollierte Kreuzung nicht ausgeschlossen werden kann. Mit etwas Pech kann es aber auch vorkommen, dass entsprechendes Saatgut kommerziell erworben oder eine Jungpflanze gekauft wurde, die genetisch zur Bildung von Bitterstoffen neigt. Solche Fälle sind zwar selten, aber nicht ausgeschlossen, etwa wenn bei der Saatgutproduktion versehentlich Zierkürbisse eingekreuzt wurden.

TIPP Ich probiere jede Zucchini und jede Gurke, BEVOR ich sie verarbeite, und entsorge die Frucht umgehend, falls sie bitter schmeckt.

Zucchiniblätter mit und ohne Blattmaserung

Mehltau oder Blattmaserung?

Kürbisgewächse werden sehr häufig von Mehltau befallen. Dieser ist gut zu behandeln, wie im Kapitel „Krankheiten" beschrieben. Besonders bei Zucchini herrscht manchmal Verwirrung darüber, wie man Mehltau erkennt. Zum Teil wird fälschlicherweise von einem Befall ausgegangen, obwohl die Pflanze gesund ist. Der Grund dafür ist, dass viele Zucchinisorten von Natur aus eine weiße Maserung auf den Blättern aufweisen. Diese ist sortenabhängig, normal und unbedenklich. Die typische grünweiße Maserung zieht sich meist linienförmig entlang der Blattadern. Das ist kein Befall, sondern ein sortentypisches Merkmal. Echten Mehltau erkennt man daran, dass sich eine mehlig-weiße Schicht großflächig über das gesamte Blatt legt.

Was sollte ich bei der Zucchini-Ernte beachten?

Zucchini solltest du ernten, wenn sie nur etwa 15–20 cm groß sind, sie schmecken dann besonders zart und aromatisch. Lässt du sie wachsen, werden sie zwar riesig, verlieren aber an Geschmack. Das Fruchtfleisch wird wässrig, die Schale zäh und die Kerne groß und hart. Übrigens: Auch die Blüten von Zucchini sind essbar und gelten als Delikatesse. Männliche Blüten kannst du zum Beispiel füllen oder im Teigmantel frittieren. Weibliche Blüten erkennst du daran, dass sich darunter bereits ein kleiner Fruchtansatz befindet. Bei der Zubereitung kannst du diesen gleich mitessen. Vor allem im Sommer, wenn die Pflanze mehr Früchte bildet, als man essen kann, ist das Ernten der Blüten eine leckere und sinnvolle Alternative. Zucchini gehören zu den ertragreichsten Gemüsepflanzen. Eine einzige Pflanze kann pro Woche bis zu fünf Früchte produzieren. Zwei Pflanzen reichen oft aus, um den Bedarf einer vierköpfigen Familie zu decken.

Welche außergewöhnlichen Sorten gibt es?

Zucchini gibt es nicht nur in der typischen grünen, langen Form, wie man sie aus dem Supermarkt kennt. Es gibt auch gelbe, schwarze, gestreifte und runde Zucchini. Auch bei Gurken ist die Sortenvielfalt enorm, es gibt dicke, dünne, gelbe, kurze und besonders lange Sorten. Die Auswahl bei Kürbissen und anderen Kürbisgewächsen ist ohnehin riesig. Hier sind ein paar spannende Sorten, die du vielleicht noch nicht kennst und deren Anbau im Garten viel Freude bringen kann:

Was ist eine Cucamelon?

Die Cucamelon, auch Mexikanische Minigurke, Gingurke oder Mäusegurke genannt, ist ein absoluter Hingucker. Sie sieht aus wie eine winzige Wassermelone, ist aber nur so groß wie eine Weintraube und schmeckt wie eine knackige, leicht säuerliche Gurke. Die Pflanze ist stark rankend und eignet sich hervorragend, um Rankgitter schnell zu begrünen.

Was ist eine Zitronengurke?

Ähnlich wie die Cucamelon imitiert die Zitronengurke das Aussehen einer anderen Frucht, nicht jedoch deren Geschmack. Sie ist quietschgelb, rundlich und erinnert optisch an eine Zitrone, schmeckt jedoch wie eine mild-süßliche Salatgurke mit leicht säuerlicher Note.

Was ist eine Kiwano?

Die Kiwano, auch Hornmelone oder Zackengurke genannt, ist eine besonders außergewöhnlich aussehende Frucht. Zunächst grün, färbt sie sich mit zunehmender Reife gelb-orange und wird außen stachelig. Das Innere erinnert an eine Passionsfrucht. Je nach Reifegrad schmeckt sie gurkenartig bis süßlich.

Was ist ein Hörnchenkürbis?

Der Hörnchenkürbis, auch Inkagurke genannt, wächst in der Form eines Hörnchens, schmeckt gurkenähnlich und kann roh gegessen oder wie eine Zucchini gekocht werden. Mit zunehmender Reife werden die Samen sehr hart und sollten vor dem Verzehr gegebenenfalls entfernt werden. Die Pflanze ist stark rankend und wächst sehr schnell.

Was ist eine Luffa?

Die Luffa, auch Schwammgurke genannt, ist eine besonders interessante Frucht. Als junge Frucht kann sie geerntet und wie eine Zucchini zubereitet werden. Im vollreifen Zustand härtet das Innere aus und bekommt eine schwammartige Struktur. Nach dem Trocknen und Entfernen von Schale und Samen kannst du das faserige Innenleben zurechtschneiden und als natürlichen Küchenschwamm verwenden oder auch unter der Dusche für ein sanftes Peeling.

Paprika & Chili

Steckbrief

Aussaat/Anzucht	ab Januar oder Februar
Dunkel-/Lichtkeimer	Dunkelkeimer, Saattiefe: 1 cm
Pflanzabstand	50 cm
Größe/Wuchs	buschig, je nach größe zwischen 50 cm–1,5 m hoch
Ernte	nach 4–6 Monaten

Wann pflanze ich Chili und Paprika an?

Paprika und Chili gehören zu den Pflanzen, die vom Keimling bis zur Ernte die längste Zeit benötigen. Es ist daher empfehlenswert, bereits im Januar, spätestens jedoch im Februar, mit der Anzucht zu beginnen. Aufgrund dieser frühen Aussaat sind die Tage noch kurz und Licht sowie Wärme auf der Fensterbank oft begrenzt. Der Einsatz von künstlichem Pflanzenlicht und einer Heizmatte kann daher sinnvoll sein. Wird darauf verzichtet, werden die Jungpflanzen vermutlich vergeilen, also auf der Suche nach mehr Licht stark in die Höhe wachsen.

Königsblüte entfernen: ja oder nein?

Grade bei Paprika und Chili ist die Garten-Welt gespalten: Der Haupttrieb jeder Pflanze verzweigt sich recht früh in zwei Äste. In dieser Gabelung bildet sich die erste Blüte, die Königsblüte genannt wird. Da diese Verzweigung und somit die Blüte relativ früh im Lebenszyklus der Pflanze entstehen, steckt die Pflanze ihre Energie frühzeitig in die Produktion dieser ersten Frucht. Viele Gärtner*innen sind der Ansicht, dass dies zu viel Energie kostet und entfernen die Königsblüte daher. Die Hoffnung dabei ist, dass die Pflanze sich weiter auf ein kräftiges, vegetatives Wachstum fokussieren kann, um später im Jahr einen höheren Gesamtertrag zu produzieren. Meines Wissens ist diese Theorie nicht eindeutig bewiesen. Ich persönlich entferne die Königsblüte nicht und habe immer reiche Ernten eingefahren. Es kann jedoch nicht schaden, diese Theorie im eigenen Garten zu testen!

Radieschen

Steckbrief

Aussaat/Anzucht	ab März
Dunkel-/Lichtkeimer	Dunkelkeimer, Saattiefe: 1 cm
Pflanzabstand	2–3 cm
Größe/Wuchs	Wurzelgemüse
Ernte	nach 1 Monat

Warum blühen meine Radieschen?

Radieschen bilden eine Blüte, wenn es ihnen zu warm oder zu trocken wird oder wenn sie einfach zu lange in der Erde belassen und nicht rechtzeitig geerntet wurden. Einige Sorten sind hitzetoleranter als andere. Um das sogenannte „Schießen" zu vermeiden, lohnt sich ein Blick auf die Rückseite des Samenpäckchens: Dort ist meist vermerkt, in welchen Monaten der Anbau empfohlen wird. Wenn das Radieschen blüht, kannst du es theoretisch noch essen, es wird aber schnell holzig und schmeckt oft bitter. Ich lasse Radieschen trotzdem manchmal blühen, aus zwei guten Gründen: Erstens sind die vielen kleinen Blüten ein wahrer Insektenmagnet. Und zweitens bilden sich daraus essbare Schoten. Eine einzige Radieschenpflanze bringt zahllose Schoten hervor, die du ernten und roh essen kannst. Sie schmecken ähnlich wie die Knolle, sind aber etwas milder, weniger fest und angenehm knackig und saftig. Lässt du sie an der Pflanze ausreifen und trocknen, kannst du das Saatgut gewinnen und im nächsten Jahr wieder aussäen.

Warum bilden meine Radieschen nur Blattwerk und keine Knolle?

Wenn das Radieschen statt einer Knolle nur eine lange, dünne Wurzel und viel Blattwerk bildet, kann das viele Ursachen haben. Der Standort ist entscheidend: Auch wenn zu viel Sonne beziehungsweise Hitze dazu führen kann, dass das Radieschen „schießt", also vorzeitig in die Blüte geht, ist ausreichend Licht, besonders in den kühleren Monaten, wichtig für die Knollenbildung. Deshalb solltest du immer die spezifischen Sortenanforderungen beachten, denn manche Sorten eignen sich besser für den Frühling, andere für den Sommer oder Herbst. Auch die Bodenverhältnisse spielen eine Rolle: Radieschen sind Schwachzehrer, du solltest sie daher nicht in frisch gedüngte Erde säen. Ein lockerer Boden hingegen fördert die Knollenbildung, da sich die Wurzel dort ungehindert ausdehnen kann. Wichtig ist außerdem die richtige Aussaattiefe:

Radieschen sind Dunkelkeimer und sollten daher mit Erde bedeckt sein, aber zu tief dürfen sie nicht liegen. Eine Saattiefe von 0,5–1 cm ist ideal. Zusammengefasst: Sortenwahl, Bodenbeschaffenheiten, Licht- und Temperaturbedingungen sowie Aussaattiefe spielen eine entscheidende Rolle bei der Knollenbildung von Radieschen.

Warum platzen meine Radieschen?

Wenn Radieschen aufreißen, spricht man davon, dass sie „platzen". Dies passiert meist durch eine unregelmäßige Wasserzufuhr und Temperaturschwankungen, zum Beispiel viel Regen und kühle Nächte nach einer längeren, warmen Trockenphase. Grundsätzlich sind die Radieschen dann noch essbar, allerdings kann sich in den Rissen leichter Schmutz ablagern und Fäulnis entstehen. Auch Insekten haben es dann leichter, in das Innere der Knolle zu gelangen. Überreife Radieschen, die zu lange in der Erde bleiben, neigen eher zum Platzen. Manche Sorten sind empfindlicher als andere. Besonders, wenn du in deinem Garten ohne automatische Bewässerung anbaust, kannst du das bei der Sortenauswahl berücksichtigen.

TIPP Nicht alle Radieschen sind rund und rot. Es gibt weiße, gelbe und zweifarbige Radieschen, einige wachsen rund und andere länglich.

Wie lagere ich Radieschen?

Das Blattgrün der Radieschen solltest du direkt nach der Ernte im Garten entfernen, entweder nah an der Knolle abschneiden oder vorsichtig mit der Hand abdrehen. Dabei sollte etwa ein Zentimeter vom Stängel stehen bleiben, damit die Knolle nicht verletzt wird. Das Grün kannst du als Salat zubereiten oder im Beet als Mulchmaterial verwenden. Bleibt es an der Knolle, entzieht es dieser Wasser, und das Radieschen wird schnell schrumpelig und weich. Nach dem Waschen kannst du die Knollen gut in einer Brotdose, einem Schraubglas oder eingewickelt in einem feuchten Tuch aufbewahren, am besten im Kühlschrank.

Rhabarber

Steckbrief

Aussaat/Anzucht	Es empfiehlt sich, Rhabarber als Staude zu kaufen, da er sonst erst ab dem zweiten oder dritten Jahr beerntet werden kann
Ernte	April–Ende Juni
Pflanzabstand	80 cm
Größe/Wuchs	staudenförmig, 50 cm–1 m Höhe

Wann ernte ich Rhabarber?

Rhabarber kannst du ernten, sobald die Stiele die gewünschte Größe erreicht haben, frühestens ab April. Die Haupterntezeit erstreckt sich über Mai und Juni. Traditionell wird Rhabarber nach dem 24. Juni, dem Johannistag, nicht mehr geerntet. Dieses Datum gilt im Gartenjahr als Stichtag für viele Arbeiten. So wird auch Spargel nur bis zum Johannistag gestochen, und viele Gehölze werden rund um dieses Datum zurückgeschnitten. Den Rhabarber solltest du aus zwei Gründen ab Ende Juni nicht mehr ernten: Zum einen braucht die Pflanze eine gewisse Ruhephase, um Kraft für den Winter zu sammeln. Zum anderen steigt später im Jahr der Oxalsäuregehalt in der Pflanze. Das kann den Geschmack beeinträchtigen und beim Verzehr großer Mengen zu gesundheitlichen Beschwerden führen.

Wie ernte ich Rhabarber?

Rhabarber wird nicht geschnitten, sondern die Stangen werden bodennah mit einem Ruck aus der Pflanze herausgezogen. So entstehen nur kleine Verletzungen, und die Pflanze kann sich besser regenerieren, als wenn ein Messer zum Rückschnitt verwendet wird. Geerntet wird erst im zweiten Jahr nach der Pflanzung. Es sollten nie mehr als die Hälfte der Rhabarberstangen auf einmal geerntet werden, damit genügend Blattmasse erhalten bleibt und die Pflanze gesund weiterwächst. Auch solltest du die Pflanze nie komplett abernten. Im Herbst gehen die Nährstoffe aus den Blättern zurück in die Wurzel. Je mehr Stangen du also an der Pflanze lässt, desto kräftiger treibt sie im nächsten Frühjahr aus.

Was bedeutet „Rhabarber bleichen“, und wie funktioniert es?

Rhabarberstangen, die besonders lang, zart und rosafarben sind, gelten als besonders schmackhaft. Doch wie schafft man es, dass die Stangen in die Länge wachsen, anstatt viel Blattmasse zu entwickeln? Hier kannst du einen Trick anwenden: Im zeitigen Frühling, sobald die ersten Triebspitzen zu sehen sind, verteilst du eine dicke Mulchschicht rund um den Rhabarber. Anschließend stülpst du einen großen und vor allem hohen Kübel (zum Beispiel eine Regentonne) über die Pflanze. Diesen lässt du bis zur ersten Ernte dort stehen und hebst ihn nur zum Gießen an. Unter dem Kübel erwärmen sich Luft und Boden schneller, was das Wachstum fördert. Der Lichtmangel führt dazu, dass der Rhabarber besonders zarte und helle Triebe entwickelt. Er streckt sich auf der Suche nach Licht,

wodurch die Stangen besonders lang werden. Schon nach wenigen Wochen ist die erste Ernte möglich. Danach solltest du den Kübel entfernen, damit sich die Pflanze von der lichtarmen Phase erholen kann. Die Bleichmethode solltest du an derselben Pflanze höchstens alle zwei Jahre anwenden, da sie die Pflanze auf Dauer schwächt.

Was kann ich tun, wenn der Rhabarber eine Blüte bildet?

Wenn aus dem Herz deiner Rhabarberpflanze plötzlich ein dicker, runder Stiel in die Höhe wächst, an dessen Spitze sich eine große, knubbelige Knospe befindet, dann steht der Rhabarber kurz vor der Blüte. Du hast nun zwei Optionen: Wenn dir eine große Ernte wichtig ist, solltest du die Blüte samt Stiel entfernen. Dazu brauchst du keine Schere, der Stiel wird bodennah abgedreht, was die Pflanze besser verkraftet als einen Schnitt. Wenn du der Pflanze ihren natürlichen Lauf lassen willst, kannst du die Blüte auch stehen lassen. Die Pflanze wird dann allerdings einen Großteil ihrer Energie in die Blüte stecken und deutlich weniger Stangen zur Ernte produzieren. Dennoch kannst du die Stiele weiterhin problemlos ernten und verzehren, sofern ausreichend vorhanden sind. Auch die Blüte selbst ist essbar, wenn auch nicht besonders aromatisch.

Rote Bete

Steckbrief

Aussaat/Anzucht	April
Dunkel-/Lichtkeimer	Dunkelkeimer, Saattiefe: 2 cm
Ernte	nach 3–4 Monaten
Pflanzabstand	5–7 cm
Größe/Wuchs	Wurzelgemüse

Ausdünnen oder nicht?

Rote Bete wächst unter der Erde und sollte, genau wie Karotten und Radieschen, ausgedünnt werden. Zwischen den Keimlingen sollte mindestens drei Finger breit Platz sein, damit die Knollen beim Wachsen nicht um Platz konkurrieren. Du kannst stattdessen aber auch bewusst auf das Ausdünnen verzichten. Der Unterschied: Wenn du ausdünnst, erntest du weniger, aber größere und gleichmäßig geformte Knollen. Wenn du nicht ausdünnst, erntest du deutlich mehr Knollen. Diese sind dafür meist kleiner und oft etwas unförmig. Der Gesamtertrag in Gewicht kann sogar höher sein, wenn nicht ausgedünnt wurde.

TIPP Übrigens wird bei Wurzelgemüse meist von einer Voranzucht abgeraten. Rote Bete bildet eine Ausnahme: Sie kann sowohl direkt ins Beet gesät als auch vorgezogen und später als Jungpflanze ausgepflanzt werden.

Was tue ich gegen Rote-Bete-Flecken?

Wer schon einmal die roten Wurzeln verarbeitet hat, weiß: Die Farbe hat es in sich. Wer keine rosa verfärbten Hände will, trägt beim Schälen und Schneiden am besten Handschuhe. Auch Arbeitsflächen und Kleidung können dauerhaft Flecken davontragen, wenn sie mit dem Saft der Roten Bete in Kontakt kommen. Frische Flecken lassen sich manchmal mit kaltem Wasser, Essig oder Zitronensaft entfernen. Auch Backpulver oder Natron können helfen. Hartnäckige Flecken sind allerdings kaum vollständig zu entfernen.

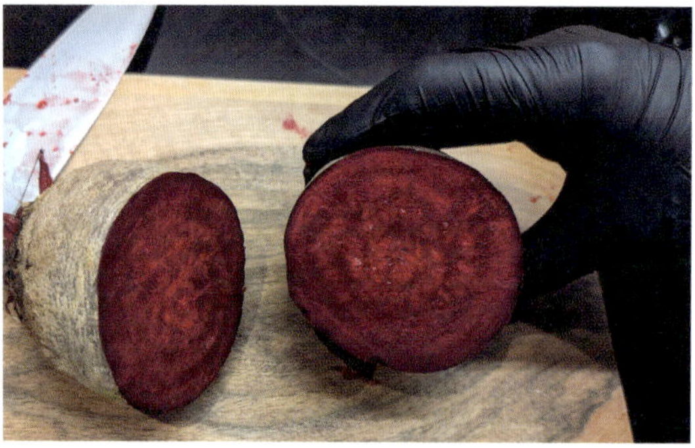

MEIN TIPP Trage beim Verarbeiten Handschuhe und alte Kleidung und nutze ein Schneidebrett, das auch dauerhaft rote Flecken bekommen darf.

Wie kann ich Rote Bete verarbeiten?

Rote Bete kannst du roh verarbeiten, zum Beispiel gerieben im Salat, oder kochen. Die Schale der rohen Knollen kannst du mit einem handelsüblichen Sparschäler entfernen, das ist jedoch oft etwas mühsam. Wenn du die Rote Bete ohnehin kochen möchtest, kannst du die Schale auch erst nach dem Kochen entfernen: Gib die Rüben direkt aus dem Topf in eine Schüssel mit kaltem Wasser. Sobald sie etwas abgekühlt sind, lässt sich die Schale ganz einfach mit den Händen abreiben.

Salat

Steckbrief

Aussaat/Anzucht	Direktsaat ab April
Dunkel-/Lichtkeimer	Lichtkeimer, nur leicht mit Erde bedecken (ca. 0,5 cm)
Ernte	Kopfsalat: 2–3 Monate, Pflücksalat: 1–2 Monate
Pflanzabstand	Kopfsalat: 30 cm, Pflücksalat: locker ausstreuen
Größe/Wuchs	niedrig

Warum spielt der Zeitpunkt der Aussaat so eine große Rolle?

Mehr noch als bei vielen anderen Gemüsesorten ist bei Salat der Aussaatzeitpunkt entscheidend. Viele Salatsorten neigen dazu, in die Blüte zu gehen, zu „schießen", anstatt weiter Blätter zu bilden, wenn sie über einen längeren Zeitraum den falschen Temperaturen ausgesetzt sind. Für viele Salate heißt das: Wenn du sie im Frühling ausgesät hast, dann solltest du sie vor den heißen Hochsommertemperaturen ernten, ansonsten neigen sie zum Schießen. Geschossenen Salat kannst du grundsätzlich noch essen, meist entwickelt er jedoch viele Bitterstoffe und schmeckt nicht mehr.

Vorziehen oder Direktsaat?

Grundsätzlich kannst du alle Salatsorten per Direktsaat ins Beet säen. Ich bevorzuge diese Methode, weil sie mir Arbeitsaufwand und Platz für Anzuchtschalen im Haus spart. Die Voranzucht bietet jedoch auch viele Vorteile, die je nach den vorherrschenden Bedingungen im eigenen Garten abzuwägen sind: Schnecken fressen junge Salatblätter besonders gern. Wenn du also viele Schnecken im Garten hast, solltest du überlegen, kräftigere Salat-Jungpflanzen vorzuziehen und erst später auszupflanzen. Auch wenn du besonders früh im Jahr ernten möchtest, profitierst du von der Voranzucht. Im Haus kann deutlich früher mit der Aussaat begonnen werden als draußen im Beet.

Wie kann ich die Ernte verlängern?

Vor allem bei Pflücksalat, aber auch bei einigen Salatköpfen, Spinat und Rucola empfiehlt es sich, die Blätter nach und nach zu ernten, statt die ganze Pflanze zu entnehmen. Pflücksalat kannst du, daher der Name, von außen nach innen ernten. Der Salat wächst von innen weiter, sodass die äußeren Blätter alle paar Tage geerntet werden können. Auch bei Rucola empfiehlt sich die Ernte von außen nach innen. Selbst wenn er bodennah abgeerntet wird, ist die Wahrscheinlichkeit hoch, dass er erneut austreibt. Ebenfalls kannst du bei der Ernte von ganzen Salatköpfen die Strünke im Beet lassen, sie treiben nach wenigen Tagen neu aus.

TIPP Rucola wird nach der Blüte oft sehr bitter. Um diesen Prozess zu verlangsamen, kannst du regelmäßig die Blütenansätze ausbrechen.

Tomate

Es gibt Tausende verschiedene Tomatensorten. Die richtige Sorte zu finden, die den eigenen Ansprüchen genügt und zu den vorhandenen Bedingungen passt, ist wichtig – kann aber bei der riesigen Auswahl auch überfordernd sein.

Steckbrief

Aussaat/Anzucht	Vorkultur ab März, Auspflanzen ab Mitte Mai
Dunkel-/Lichtkeimer	neutral, Saattiefe: 0,5 cm
Ernte	nach 3–4 Monaten
Pflanzabstand	50 cm
Größe/Wuchs	je nach Sorte buschig oder hoch (bis zu 2 m)

Wonach sollte ich die Tomatensorte aussuchen?

1. Wuchsform: Wie viel Platz soll die Tomate einnehmen?

Was die Wuchsform angeht, können grob zwei Sorten Tomaten unterschieden werden: Stabtomaten und Buschtomaten. Stabtomaten wachsen in die Höhe, werden zum Teil über zwei Meter groß und benötigen eine Stütze, zum Beispiel einen Stab, damit sie nicht umkippen. Sie werden üblicherweise mit nur einem langen Haupttrieb gezogen.

Buschtomaten dagegen bilden diverse Seitentriebe und wirken dadurch buschiger. Manche Sorten können über einen Meter breit werden, andere bleiben kompakt, mit nur etwa 40–60 cm Höhe – diese werden häufig als „Balkontomaten" angeboten. Achte bei deiner Standortwahl also darauf, ob du lieber den Platz in die Höhe oder eher in die Breite nutzen willst.

2. Fruchtform: Wie soll die Tomate aussehen?

Auch bei der Fruchtform gibt es eine enorme Vielfalt. Die Entscheidung hängt von Optik und persönlichem Geschmack ab, wenngleich bestimmte Formen typische Eigenschaften mit sich bringen. Es gibt runde, ovale oder eiförmige Tomaten, flache und gerippte, herzförmige und birnenförmige Sorten sowie Flaschentomaten, Kirschtomaten und traubenförmige Tomaten.

Pflanzen

3. Fruchttyp: Wofür soll die Tomate verwendet werden?

→ **Fleischtomaten:** Sind besonders saftig, enthalten viel Fruchtfleisch und wenig Samen. Eignen sich für große Tomatenscheiben (zum Beispiel für Burger) und Salate.

→ **Salattomaten:** Mittelgroß, saftig und aromatisch. Sie sind echte Allrounder.

→ **Cocktailtomaten und Kirschtomaten:** Die Begriffe werden oft synonym verwendet, tatsächlich sind Cocktailtomaten etwas größer. Kirschtomaten sind ideal als Snack oder zum Dekorieren. Cocktailtomaten passen gut in Salate oder auf Spieße.

→ **Saucentomaten:** Enthalten viel Fruchtfleisch und wenig Kerne. Perfekt zum Einkochen und für Tomatensoße.

Querschnitt einer Fleischtomate

Kirsch- und Cocktailtomaten

Was bedeutet ausgeizen und auslichten?

Stabtomaten werden üblicherweise ausgegeizt. Das bedeutet, Seitentriebe werden entfernt, damit die Pflanze ihre Energie in den Haupttrieb und die Fruchtbildung steckt, statt in zusätzliches Blattwerk. Es gibt Gärtner*innen, die auf das Ausgeizen verzichten. Ich persönlich habe mit Ausgeizen gute Erfahrungen und guten Ertrag gemacht. Seitentriebe, auch Geiztriebe genannt, sprießen in der Gabelung jedes Blattes, das vom Haupttrieb der Tomatenpflanze abgeht. Wenn sie einige Zentimeter groß sind, kannst du sie einfach mit den Fingern herausbrechen oder mit einer Schere abschneiden. Größere Geiztriebe können in Wasser bewurzelt oder direkt in die Erde im Beet gesteckt werden. Sie wachsen zu einer weiteren, kräftigen Tomatenpflanze heran, die – besonders, wenn sie früh in der Saison gesteckt wird – guten Ertrag liefert. Buschtomaten solltest du auf keinen Fall ausgeizen. Eine weitere Pflegemaßnahme bei Tomaten ist das Entfernen oder Kürzen von Blättern. Die untersten drei Blätter an der Pflanze werden oft entfernt, damit sie keinen Bodenkontakt haben und kein Spritzwasser auf die Blätter gelangt. Dies hilft, Krankheitsbefall vorzubeugen. Ich kürze außerdem Blätter von benachbarten Tomatenpflanzen ein, sodass diese sich nicht berühren. Dazu schneide ich die Blätter einfach an einer Stelle ab – die Pflanze wird dadurch nicht beeinträchtigt. Sollte eine Pflanze krank werden, wird so das Ansteckungsrisiko minimiert. Außerdem kann so die Luft zwischen den Pflanzen besser zirkulieren, was ebenfalls Krankheiten vorbeugt.

Darf die Tomate im Freien stehen?

Der gängige Begriff „Freilandtomate" bezeichnet keine bestimmte Wuchs- oder Fruchtform, sondern umfasst alle Tomatensorten, die bedenkenlos unter freiem Himmel angebaut werden können. Es gibt sowohl Busch- als auch Stabtomaten, die als Freilandtomaten geeignet sind. Diese Sorten sind in der Regel besonders robust, vertragen Temperaturschwankungen gut und bringen oft eine gewisse Resistenz gegen Krankheiten wie die Kraut- und Braunfäule mit. Weniger fürs Freiland geeignete Sorten hingegen sind empfindlicher und profitieren vom geschützten Klima im Gewächshaus.

Was ist die Königsblüte?

Die erste Blüte an der Pflanze ist häufig besonders groß und unterscheidet sich deutlich von den anderen Blüten. Wenn sie bestäubt wird und sich eine Tomate bildet, ist diese meist besonders groß, unförmig und verwachsen, fast so, als wären mehrere Tomaten miteinander verschmolzen. Viele brechen diese Blüte aus, bevor sich eine Frucht bildet, in der Hoffnung, dass die Pflanze dadurch Energie spart und schneller „normale" Tomaten ausbildet. Ich persönlich sehe keinen Grund, die Blüte zu entfernen, und freue mich über die spannend aussehenden Königsblüten-Tomaten.

„Normale" Blüte der Tomate

Königsblüte der Tomate

Wann ernte ich Tomaten?

Unreife, grüne Tomaten enthalten Bitterstoffe, die nach dem Verzehr großer Mengen zu Vergiftungserscheinungen führen können. Wenn Tomaten am Strauch reifen, ist es jedoch oft schwierig, den richtigen Erntezeitpunkt abzuschätzen. Es kann schnell passieren, dass Tomaten noch im Beet aufplatzen, faulen oder von Tieren angefressen werden. Auch Pflanzenkrankheiten wie die Kraut- und Braunfäule können die Ernte gefährden, je länger die Früchte an der Pflanze hängen. Ich empfehle daher, die Tomaten zu ernten, wenn sie anfangen, sich leicht rosa zu färben, also kurz vor der Vollreife stehen. Dass sich das Nachreifen angeblich negativ auf Geschmack und Qualität der Früchte auswirken soll, halte ich, basierend auf meinen Erfahrungen, für einen Mythos. Wer skeptisch ist, kann den Selbsttest machen: Schmeckst du den Unterschied zwischen einer „sonnengereiften" Tomate und einer, die in der Küche nachgereift ist? Ich lagere meine unreifen Tomaten offen in einer großen Schüssel in der Wohnung und entferne vorher die grünen Rispen, um Schimmel und Druckstellen zu vermeiden. Nach nur wenigen Tagen sind die Tomaten vollreif und verzehrfertig.

Probleme beim Tomatenanbau

Warum kräuseln sich die Blätter meiner Tomate?

Wenn sich die Blätter der Tomatenpflanze kräuseln oder einrollen, kann das mehrere Ursachen haben. Ein typischer Grund ist Überdüngung. Die Pflanze hat mehr Nährstoffe aufgenommen, als sie verarbeiten kann. Das Resultat sind gekräuselte Blätter. In diesem Fall solltest du die Erde gründlich wässern, um den überschüssigen Dünger auszuspülen, damit die Tomate nicht noch mehr davon aufnimmt. Nun solltest du abwarten: Die Tomate wird noch einige gekräuselte Blätter hervorbringen und schließlich wieder „normale" Blätter produzieren. Auch Trockenheit oder große Hitze können dazu führen, dass sich die Blätter einrollen oder schlaff herunterhängen. Dagegen hilft nur gründliches Gießen und gegebenenfalls etwas Schatten.

Warum platzen die Tomaten?

Es kann vorkommen, dass die Haut von Tomaten aufreißt. Dadurch können Verunreinigungen, Pilze und Krankheitserreger leicht ins Fruchtinnere eindringen, was die Tomaten schneller verderben lässt. Auch Tiere werden dadurch angelockt, weil sie einfacher an das Fruchtfleisch gelangen. Geplatzte Tomaten sind grundsätzlich noch essbar, du solltest sie aber gründlich auf Schimmel und Fäulnis untersuchen. Hauptursache ist meist ein plötzlicher Wasserüberschuss nach einer längeren Trockenperiode: Die Pflanze pumpt das Wasser in die Früchte, doch deren Schale ist nach der Trockenphase weniger elastisch und kann dem inneren Druck nicht standhalten. Auch starke Temperaturschwankungen können zu Rissen in der Schale führen.

TIPP Tomaten werden häufig unter einem Dach angebaut, unter anderem, um sie vor dem Aufplatzen zu schützen. Vor allem Freilandsorten sind oft von Natur aus robuster und neigen weniger zum Platzen.

Was ist Blütenendfäule?

Wenn die Unterseite der am Strauch hängenden Tomaten eingesunken und verfault aussieht oder kreisförmig vertrocknet und braun wird, dann leidet die Pflanze unter Blütenendfäule, ausgelöst durch Calciummangel. Dieser kann drei Hauptursachen haben:

1. Zu wenig Calcium im Boden: In diesem Fall solltest du mit einem calciumhaltigen Dünger nachdüngen.

2. Zu wenig Wasser: Trockenheit erschwert der Pflanze die Aufnahme von Calcium.

3. Zu stickstoffreiche Düngung: In der Wachstumsphase braucht die Pflanze viel Stickstoff, später kann ein Überschuss jedoch die Calciumaufnahme blockieren.

Zur Behandlung solltest du je nach Situation mehr gießen oder gezielter düngen. Die Früchte sind grundsätzlich noch essbar, die betroffenen Stellen kannst du einfach entfernen.

Topinambur

Topinambur, auch Erdbirne oder Jerusalem-Artischocke genannt, ist eine mehrjährige Staude mit schönen gelben Blüten und essbaren Wurzelknollen.

Steckbrief

Aussaat/Anzucht	Knollen ab April in die Erde legen
Dunkel-/Lichtkeimer	Vorkeimen nicht nötig, Knollen 10 cm tief eingraben
Pflanzabstand	40 cm
Größe/Wuchs	blühende Staude, Wuchshöhe bis 3 m, geerntet werden die Wurzelknollen
Ernte	ab Herbst

Was sollte ich beim Anbau beachten?

Topinambur ist extrem wuchsfreudig. Die Staude bildet unterirdische Ausläufer und kann sich im Garten schnell unkontrolliert ausbreiten. Daher solltest du eine Wurzelsperre ins Beet setzen oder die Staude nur im Kübel kultivieren. Ich persönlich würde Topinambur ausschließlich im Topf anbauen, da mir das Risiko der unkontrollierten Ausbreitung zu hoch ist.

Was hat Topinambur für Eigenschaften, und wie kann ich die Knollen zubereiten?

Die Knollen erinnern optisch an Ingwer, schmecken jedoch eher wie eine Mischung aus Pastinaken und Artischocken: herzhaft, nussig, etwas süß und mild säuerlich. Die Konsistenz ähnelt Kartoffeln: sämig, jedoch bissfest. Daher wird die Knolle auch gerne als kalorienarmer Kartoffelersatz genutzt. Die Schale ist sehr dünn und kann mitgegessen oder vor dem Verzehr entfernt werden. Topinambur kann roh (z. B. geraspelt im Salat), gekocht, gebraten oder gebacken verzehrt werden.

Wenn du vorher noch nie Topinambur gegessen hast, solltest du mit kleineren Mengen starten: Die Knolle wirkt sich zwar positiv auf die Darmflora aus, kann aber bei ungewohntem Verzehr anfangs Blähungen oder Durchfall verursachen. Der Körper gewöhnt sich jedoch in der Regel schnell an das gesunde Gemüse.

Zwiebelgewächse

Steckbrief: Zwiebel

Aussaat/Anzucht	Samen: Vorkultur ab Februar, Direktsaat ab April, Steckzwiebel: ab März
Dunkel-/Lichtkeimer	Samen: Dunkelkeimer, Saattiefe: 1 cm; Steckzwiebeln: 3 cm tief stecken
Pflanzabstand	5–10 cm
Ernte	Samen: 5–6 Monate, Steckzwiebeln: 3–4 Monate

Steckbrief: Lauch

Aussaat/Anzucht	Vorkultur ab Februar, Direktsaat ab April
Dunkel-/Lichtkeimer	Dunkelkeimer, Saattiefe: 1 cm
Pflanzabstand	10–15 cm
Größe/Wuchs	60–80 cm
Ernte	nach 6 Monaten

Was ist der Unterschied zwischen Steckzwiebeln und Saatzwiebeln?

Wenn du Zwiebeln anbauen möchtest, hast du zwei Möglichkeiten: Steckzwiebeln oder Saatgut. Steckzwiebeln sind kleine, vorgezogene Zwiebelchen, etwa 1–2 cm groß. Diese steckst du direkt in die Erde, wo sie schnell zu einer großen Zwiebel heranwachsen. Zwiebelsamen hingegen haben diesen Wachstumsvorsprung nicht, sie keimen erst aus und benötigen eine deutlich längere Wachstumszeit. Was sind also die Unterschiede? Steckzwiebeln sind unkompliziert, liefern schnell Ertrag und sind ideal für unerfahrene Gärtner*innen. Sie sind allerdings in der Anschaffung etwas teurer, und die Sortenauswahl ist begrenzt. Saatzwiebeln sind günstiger, bieten mehr Vielfalt, und die daraus wachsenden Pflanzen gelten als robuster. Allerdings haben sie eine lange Entwicklungsphase, was mehr Aufwand und längeres Warten auf die Ernte bedeutet. Ob du dich für Steckzwiebeln oder Saatgut entscheidest, hängt davon ab, wie viel Zeit und Aufwand du investieren möchtest. Eine erfolgreiche Ernte ist mit beiden Varianten möglich.

Woran erkenne ich den Erntezeitpunkt von Zwiebeln?

Grundsätzlich können Zwiebeln das gesamte Jahr über geerntet werden. Die Größe spielt dabei keine Rolle, denn die ganze Pflanze, Zwiebel samt Blättern, ist essbar. Das Zwiebelgrün eignet sich hervorragend zur Verarbeitung und kann ähnlich wie Frühlingszwiebeln verwendet werden. Übrigens: Während der Wachstumsphase kannst du auch nur das Zwiebelgrün ernten, die Zwiebel selbst bleibt dabei in der Erde. Wichtig ist dabei nur, dass du genug Blätter stehen lässt, damit die Pflanze sich regenerieren kann. Ein klassisches Zeichen für den richtigen Erntezeitpunkt ist, wenn das Laub gelb wird und umknickt – dann ist die Zwiebel reif zur Ernte und hat ihre volle Größe erreicht.

Wie lagere ich Zwiebeln richtig?

Wenn du deine Zwiebeln einlagern möchtest, solltest du mit der Ernte etwas länger warten. In diesem Fall sollten die Zwiebeln im Beet bleiben, bis das Laub vollständig vertrocknet ist. Während dieser Zeit bildet sich die trockene, schützende Zwiebelschale aus, das senkt die Gefahr von Schimmel erheblich. Die Ernte sollte unbedingt an einem trockenen Tag erfolgen, möglichst nach mehreren regenfreien Tagen. Nach dem Herausziehen kannst du die Wurzeln etwas kürzen und die vertrockneten Blätter zurückschneiden, allerdings nicht zu viel, damit das empfindliche Innere der Zwiebel gut geschützt bleibt. Zwiebeln lagern am besten kühl, luftig und trocken, zum Beispiel in einem Korb in einem unbeheizten Raum. Der Kühlschrank ist dafür ungeeignet: Die Feuchtigkeit kann dazu führen, dass die Zwiebeln schimmeln oder neu austreiben.

TIPP Am besten lässt du die Zwiebeln nach der Ernte ein paar Tage auf einem Gitterrost oder in lockeren Bündeln an einem luftigen Ort nachtrocknen. So verlängert sich die Lagerfähigkeit.

Die Zwiebel blüht, was kann ich tun?

Wenn deine Zwiebelpflanze einen langen Trieb mit einer grünen Knospe entwickelt, dann steht sie kurz vor der Blütenbildung. Eigentlich blüht eine Zwiebel erst im zweiten Jahr, wenn sie über den Winter in der Erde belassen wurde. Ein ungewöhnlich kalter Frühling kann jedoch auch im ersten Jahr zur Blütenbildung führen. Auch Trockenheits- oder Hitzestress sowie Nährstoffüberschuss oder -mangel können diesen Prozess auslösen. Falls du die Zwiebel zur Ernte und Lagerung anbaust, solltest du in einem solchen Fall schnell reagieren und die Knospe samt Stiel so früh wie möglich ausbrechen. Denn sobald die Pflanze blüht, steckt sie ihre Energie nicht mehr in das Wachstum der Zwiebel, sondern in die Blüte und Samenbildung. Die Zwiebel bleibt dann klein, wächst mitunter verformt, lässt sich schlecht lagern und kann bitter schmecken. Möchtest du dagegen Zwiebelsamen ernten oder etwas für die Insektenwelt tun, kannst du die Pflanze blühen lassen. Die weißen Blütenkugeln locken viele Insekten an und sind ein Blickfang im Garten. Das Saatgut lässt sich trocknen und im nächsten Jahr wieder aussäen. Zwiebeln, die geblüht haben, sind zwar noch essbar, aber durch die genannten Veränderungen geschmacklich und lagertechnisch nicht mehr ideal.

TIPP Zwiebelblüten kann man übrigens essen! Die Blüten eignen sich prima als Topping, und die geschlossenen Knospen schmecken, in Öl eingelegt, besonders aromatisch.

Was muss ich beim Anbau von Lauch beachten?

Beim Saatgut für Lauch solltest du beachten, dass es Sommer- und Winterlauch gibt. Sommerlauch wird im Frühling vorgezogen oder direkt ins Beet gesät und im Herbst geerntet. Winterlauch kommt im Sommer in die Erde, sodass er im Winter geerntet werden kann. Er kann den ganzen Winter über im Beet stehen bleiben und bei Bedarf geerntet werden. Lauch kann übrigens angehäufelt werden, um den festen, weißen Teil des Lauchs zu verlängern. Dazu wird Erde um den Ansatz der Pflanze gehäuft, sodass etwa ein Drittel der Pflanze davon bedeckt ist. Das regt sie an, weiter nach oben zu wachsen, und der schmackhafte weiße Teil verlängert sich dadurch.

TIPP Anstatt den Lauch bei der Ernte samt Wurzel aus der Erde zu ziehen, kannst du ihn mit einem scharfen Messer bodennah abschneiden – er wächst dann nach und kann nach kurzer Zeit erneut geerntet werden.

Beeren

Blaubeere

Steckbrief

Aussaat/Anzucht	Blaubeeren über Stecklinge vermehren oder als Pflanze kaufen
Ernte	ab Juli bis in den Herbst
Pflanzabstand	1 m
Größe/Wuchs	Strauch

Was sollte ich bei Blaubeeren beachten?

Blaubeeren sollten in den meisten Fällen im Topf kultiviert werden statt direkt in der Gartenerde. Der Grund: Blaubeeren benötigen einen deutlich niedrigeren pH-Wert als die meisten anderen Nutzpflanzen. In einigen Regionen mit saurem Boden, etwa in waldreichen Gegenden mit vielen Nadelbäumen, gedeihen Blaubeeren auch direkt im Beet. Wer jedoch diese Bedingungen im eigenen Garten nicht vorfindet, sollte auf saure Erde zurückgreifen, zum Beispiel Rhododendronerde. Als Mulchmaterial eignet sich Rindenmulch, da er zusätzlich den pH-Wert niedrig und die Feuchtigkeit im Boden hält.

Erdbeere

Steckbrief

Aussaat/Anzucht	Vorkultur ab März; es empfiehlt sich, Erdbeeren über Ausläufer zu vermehren oder Jungpflanzen zu kaufen, da eine Ernte sonst meist erst im zweiten Jahr möglich ist
Dunkel-/Lichtkeimer	Lichtkeimer, nur andecken oder ganz leicht bedecken
Ernte	je nach Sorte ab Mai oder Juni bis in den Herbst
Pflanzabstand	20 cm
Größe/Wuchs	niedrig, buschig

Warum ist das Mulchen bei Erdbeeren besonders wichtig?

Erdbeeren sollten immer gründlich gemulcht werden, typischerweise mit Stroh, aber warum eigentlich? Wenn die Früchte größer und schwerer werden, biegen sich die Triebe meist nach unten, bis sie auf dem Boden aufliegen. Der Kontakt mit feuchter Erde führt leicht zu Druckstellen, Schimmel oder Fäulnis. Eine Schicht weiches Stroh verhindert das: Sie hält die Früchte trocken, schützt sie und macht sie zudem auf dem hellen Mulchmaterial leichter sichtbar, was die

Ernte erleichtert. Auch bei Erdbeerpflanzen im Topf, etwa auf dem Balkon oder der Fensterbank, lohnt sich eine Mulchschicht aus Stroh: Sie verringert den Wasserverlust und reduziert dadurch den Gießaufwand.

Warum tragen meine Pflanzen kaum Früchte?

Erdbeerpflanzen sind im zweiten Jahr am ertragreichsten. Ab dem dritten Jahr lässt die Fruchtproduktion langsam nach. Im vierten und allen folgenden Jahren bilden die Pflanzen meist nur noch sehr wenige, kleine Beeren. Deshalb lohnt sich eine Rotation: Teile deine Erdbeeren in drei Gruppen auf: eine Reihe für Jungpflanzen im ersten Jahr, eine Reihe für Erdbeeren im zweiten Jahr, eine Reihe für Erdbeeren im dritten Jahr. Jedes Jahr ersetzt du die älteste Reihe durch neue Jungpflanzen. So sorgst du immer für Nachschub und stellst sicher, dass stets eine Reihe im besonders ertragreichen zweiten Jahr ist.

Wie vermehre ich Erdbeeren?

Wenn du deine Erdbeeren nach dem dritten Jahr austauschen möchtest, weil der Ertrag nachlässt, musst du nicht zwingend neue Pflanzen kaufen. Erdbeeren bilden im Sommer sogenannte Ausläufer, das sind lange, dünne Stängel, an denen sich in regelmäßigen Abständen kleine Blattansätze befinden. Sobald diese Ansätze auf feuchter Erde aufliegen, beginnen sie zu wurzeln und entwickeln sich zu kleinen Jungpflanzen. Du kannst diese Ausläufer, während sie noch mit der Mutterpflanze verbunden sind, in kleine Töpfe leiten oder direkt neben der Mutterpflanze anwurzeln lassen. Schneide sie erst ab, wenn sie ein eigenes, kräftiges Wurzelsystem ausgebildet haben. Zu beachten ist, dass die Bildung solcher Ausläufer die Pflanze viel Energie kostet und meist zulasten der Fruchtbildung geht. Lasse daher nur Ausläufer an solchen Pflanzen wachsen, von denen du in diesem Jahr ohnehin keinen großen Ertrag mehr erwartest. Andernfalls kannst du die Ausläufer direkt abschneiden, damit die Pflanze ihre Kraft in die Beerenproduktion steckt.

Muss ich Erdbeeren zurückschneiden?

Erdbeeren sollten im Spätsommer oder Herbst zurückgeschnitten werden. Der Zeitpunkt für den Rückschnitt ist abhängig von der Sorte: Sobald die Pflanze keine Beeren mehr produziert, kannst du mit dem Rückschnitt beginnen: Schneide alle Blätter drei bis vier Zentimeter über dem Boden radikal ab. Wichtig ist es, nicht zu tief zu schneiden, denn in der Mitte der Pflanze befindet sich das sogenannte Herz, von dem aus sie neu austreibt. Dieses sollte nicht beschädigt werden. Der Rückschnitt hilft, eventuelle Krankheiten oder Pilze zu entfernen, die sonst an der Pflanze überwintern würden. In der Regel bildet die Pflanze noch im selben Jahr frisches Blattwerk und kann sich im nächsten Frühling auf die Blüten- und Fruchtbildung konzentrieren.

TIPP Mulche nach dem Rückschnitt die Fläche um das Pflanzenherz herum mit Stroh oder anderem Material, um den Boden vor Austrocknung zu schützen und gleichzeitig das Risiko eines Neubefalls durch Pilzsporen aus dem Boden zu verringern.

Himbeere

Steckbrief

Aussaat/Anzucht	Himbeeren über Stecklinge vermehren oder als Pflanze kaufen
Ernte	Sommerhimbeeren: zwischen Juni und Juli; Herbsthimbeeren: ab August
Pflanzabstand	50 cm
Größe/Wuchs	Strauch

Wie schneide ich Himbeersträucher?

Es gibt zwei Sorten von Himbeeren: Sommerhimbeeren tragen früh im Jahr Früchte und Herbsthimbeeren deutlich später. Der wichtigste Unterschied liegt im Rückschnitt: Sommerhimbeeren tragen Beeren an den zweijährigen Trieben, deshalb sollten nach der Ernte die verholzten, abgeernteten Ruten abgeschnitten werden, während die jungen, einjährigen Triebe stehen gelassen werden, denn sie tragen im nächsten Jahr die Früchte! Herbsthimbeeren tragen an den einjährigen Ruten. Alle Triebe der Herbsthimbeere werden daher nach der Ernte im Herbst oder nach dem Frost im Frühling bodennah radikal zurückgeschnitten.

Warum ist eine Rhizomsperre empfehlenswert?

Himbeeren vermehren sich über unterirdische Ausläufer. Obwohl sie relativ flach wurzeln, breiten sie sich mit der Zeit recht weitläufig aus. Das kann dazu führen, dass im ganzen Garten neue Himbeertriebe erscheinen – auch an Stellen, wo sie eigentlich nicht erwünscht sind. Um das zu verhindern, kannst du eine Rhizomsperre rund um das Beerenbeet einbauen. Das ist eine etwa sechzig Zentimeter hohe, biegsame Barriere aus Kunststoff oder Metall, die senkrecht in den Boden gesetzt wird und das Ausbreiten der Wurzeln zuverlässig stoppt. Sie sollte fünf bis zehn Zentimeter aus der Erde ragen, um zu verhindern, dass Wurzeln über die Sperre hinüberwachsen. Wenn du keine Rhizomsperre einbringen und dennoch ein unkontrolliertes Ausbreiten der Himbeerpflanze verhindern möchtest, solltest du auf Sorten zurückgreifen, die weniger zur Bildung von Ausläufern neigen.

Johannisbeere

Steckbrief

Aussaat/Anzucht	Johannisbeeren über Stecklinge vermehren oder als Pflanze kaufen
Ernte	Juni–August
Pflanzabstand	1 m
Größe/Wuchs	Strauch

Wie pflege ich Johannisbeeren?

Johannisbeeren gibt es in Rot, Weiß und Schwarz, wobei Schwarze Johannisbeeren geschmacklich sehr verschieden von den Roten und Weißen Sorten sind. Die Pflanzen gelten als relativ anspruchslos und eignen sich gut für den Anbau im Garten. Bei Roten und Weißen Johannisbeeren solltest du jedes Jahr alle Triebe entfernen, die älter als vier Jahre sind. Das fördert die Fruchtbildung an den jüngeren, ertragreichen Trieben. Bei Schwarzen Johannisbeeren wird anders geschnitten: Im Frühjahr solltest du alle Haupttriebe nach dem dritten Seitentrieb einkürzen. Das regt die Bildung von jungen Trieben an, da Schwarze Johannisbeeren vor allem an einjährigen Seitentrieben Beeren tragen.

Ein häufiger Schädling ist die Johannisbeerblasenlaus. Befallene Blätter weisen blasenartige Verdickungen auf, die sich oft rötlich verfärben. Die Laus kannst du durch regelmäßiges Besprühen mit Neemöl gut bekämpfen.

Blumen

Warum brauche ich Blumen im Gemüsegarten?

Blumen sind im Gemüsegarten nicht wegzudenken, auch wenn ihr Einfluss oft unterschätzt wird. Sie locken Bestäuber an, fördern das Wachstum von Nachbarpflanzen und können Schädlinge fernhalten. Viele Blüten sind zudem essbar und eine Bereicherung für die Küche, andere werden traditionell in der Kräuterheilkunde eingesetzt. Hier findest du eine Auflistung der Blumen, die meiner Meinung nach im Nutzgarten nicht fehlen dürfen.

Borretsch

Steckbrief

Aussaat/Anzucht	Direktsaat ab April
Dunkel-/Lichtkeimer	Dunkelkeimer, Saattiefe 1 cm
Pflanzabstand	20–30 cm
Größe/Wuchs	bis zu 1 m Höhe, ausladend
Blüte	nach 2–3 Monaten

Wie setze ich Borretsch im Gemüsegarten ein?

Borretsch ist eine vielseitige Pflanze, die sehr hoch und ausladend werden kann. Bei der Beetplanung solltest du dies unbedingt berücksichtigen. Borretsch eignet sich aufgrund dieser Eigenschaft besonders gut als Beetumrandung. Borretsch ist essbar: Sowohl die Blätter als auch die Blüten kannst du in den Salat tun, sie schmecken mild gurkenartig, daher auch der Beiname „Gurkenkraut". Die leuchtend blauen Blüten ziehen zahlreiche Insekten an. Borretsch wird auch gerne von Blattläusen besiedelt, er kann deshalb als Opferpflanze eingesetzt werden. Die Pflanze lässt sich gut zurückschneiden und als Mulchmaterial im Garten verwenden.

Pflanzen

TIPP Die Blätter und Stängel von Borretsch sind mit kleinen Borsten besetzt, die beim Anfassen pieksen können. Wer empfindliche Hände hat, sollte daher besser Handschuhe tragen.

Kamille

Steckbrief

Aussaat/Anzucht	Direktsaat ab April
Dunkel-/Lichtkeimer	Lichtkeimer, nur andrücken oder leicht mit Erde bedecken
Pflanzabstand	breitwürfig aussäen
Größe/Wuchs	Wuchshöhe 20–50 cm, stark verzweigt
Blüte	nach 2–3 Monaten

Welche Vorteile bietet die Kamille?

Ich liebe es, Kamille im eigenen Garten anzubauen. Nicht nur ernte ich sie gerne, um das ganze Jahr über meinen eigenen Kamillentee trinken zu können, die Pflanze bringt auch im Beet viele Vorteile mit sich: Als Gründüngung lockert sie den Boden auf und reichert ihn mit Nährstoffen an. Sie lockt Bestäuber an und verwirrt durch ihren intensiven Duft Schädlinge, die dadurch Kulturpflanzen, wie zum Beispiel Kohl, schlechter finden. Wer abgeerntete Kamille im Beet liegen und verrotten lässt, profitiert langfristig von ihren antifungalen Eigenschaften und ihrer unkrautunterdrückenden Wirkung. Und nicht zuletzt ist die Kamille eine beliebte Heilpflanze, die vielseitig eingesetzt wird.

Kapuzinerkresse

Steckbrief

Aussaat/Anzucht	Direktsaat ab Mai
Dunkel-/Lichtkeimer	Dunkelkeimer, Saattiefe 2 cm
Pflanzabstand	10 cm
Größe/Wuchs	rankend, hängend oder buschig
Blüte	nach 2 Monaten

Wozu ist die Kapuzinerkresse gut?

Kapuzinerkresse ist eine vielseitige Pflanze, deren Blätter, Blüten, Knospen und Samen essbar sind. Sie blüht bis in den späten Herbst hinein und eignet sich je nach Sorte kriechend als Lebendmulch zur Unterpflanzung von anderen Kulturen, rankend zur Begrünung von Zäunen oder hängend in Balkonkästen und Hochbeeten. Kapuzinerkresse ist besonders beliebt bei Blattläusen und wird daher gerne als Opferpflanze eingesetzt, um diese von anderen Kulturen fernzuhalten. Ähnlich wie Ringelblumen lockert sie mit ihren Wurzeln den Boden auf und kann als Gründüngung eingesetzt werden. Nach dem Verblühen kann sie einfach in die Erde eingearbeitet werden. Kapuzinerkresse hat beeindruckende medizinische Eigenschaften und wird zur Unterstützung schulmedizinischer Behandlungen eingesetzt.

Kornblume

Steckbrief

Aussaat/Anzucht	ab April
Dunkel-/Lichtkeimer	Lichtkeimer, nur leicht mit Erde bedecken
Pflanzabstand	10–20 cm oder eng streuen für dichten Wuchs
Größe/Wuchs	bis zu 1 m Höhe
Blüte	nach 2–3 Monaten

Was sind die Talente der Kornblume?

Vor allem die blaue Kornblume ist bekannt für ihre Beliebtheit bei Insekten, doch es gibt auch weiße, lilafarbene, rote und rosa Sorten. Alle eignen sich zum Anlocken von Bestäubern und haben zudem essbare Blütenblätter. Diese kannst du frisch in der Küche verwenden oder trocknen. Getrocknete Kornblumenblüten schmecken mild im Tee oder lassen sich als natürliche Dekoration für Gerichte und Desserts einsetzen, beispielsweise als essbare Streusel auf Salaten, Kräuterbutter oder Kuchen.

Malve

Steckbrief

Aussaat/Anzucht	ab April
Dunkel-/Lichtkeimer	Lichtkeimer, nur leicht mit Erde bedecken
Pflanzabstand	30–50 cm oder eng streuen für dichten/ wilden Wuchs
Größe/Wuchs	bis zu 1,5 m
Blüte	nach 2–3 Monaten

Ist die Malve im Gemüsegarten nützlich?

Malven sind ein wahrer Insektenmagnet. Schon häufig habe ich schlafende Hummeln in ihren Blüten entdeckt, es summt und brummt stets rings um die Blumen herum. Deshalb setze ich sie gerne in Mischkultur mit meinen Gemüsepflanzen ein. Viele Malvenarten sind essbar und machen sich gut in Salaten oder auch getrocknet als Tee. In der Naturheilkunde werden Malven wegen ihrer vielseitigen Inhaltsstoffe und Wirkungen eingesetzt.

Ringelblume

Steckbrief

Aussaat/Anzucht	ab April
Dunkel-/Lichtkeimer	Lichtkeimer, Saattiefe: 0,5–1 cm
Pflanzabstand	20 cm oder eng streuen für dichten Wuchs
Größe/Wuchs	bis zu 60 cm
Blüte	nach 2 Monaten

Warum sollte ich Ringelblumen in meine Beete setzen?

Ringelblumen, auch Calendula genannt, bilden mit ihren Wurzeln Stoffe, die Nematoden, aber auch Drahtwürmer vertreiben können. Sie eignen sich daher besonders gut in Mischkultur mit empfindlichen Wurzelgemüsen wie Kartoffeln. Ihre tiefen Pfahlwurzeln lockern und belüften tiefgründig den Boden, sie eignen sich somit hervorragend als Gründüngung. Auch bei Bestäubern sind Ringelblumen sehr beliebt, weshalb es sich lohnt, sie in und ums Gemüsebeet zu pflanzen. Die Blütenblätter sind essbar und bringen Farbe in Salate und andere Gerichte. Aufgrund ihrer vielfältigen naturheilkundlichen Eigenschaften wird die Ringelblume außerdem häufig in Cremes und Tinkturen verarbeitet.

Sonnenblume

Steckbrief

Aussaat/Anzucht	Vorkultur ab März, Direktsaat und Auspflanzen ab Mai
Dunkel-/Lichtkeimer	Dunkelkeimer, Saattiefe: 2cm
Pflanzabstand	20–50cm, je nach Sorte
Größe/Wuchs	je nach Sorte 20cm bis 2m oder höher
Blüte	nach 3–4 Monaten

Wie wachsen Sonnenblumen?

Sonnenblumen sind extrem vielfältig: Es gibt Zwergsorten, die nur 20–40cm hoch werden und ideal für den Anbau auf kleinstem Raum sind, sowie Riesenformen, die mehrere Meter Höhe erreichen und dicke, tellergroße Blütenköpfe entwickeln. Während einige Sorten nur einen einzelnen Kopf bilden, sind andere mehrblütig. Mit ihren tiefen Wurzeln verbessern Sonnenblumen die Bodenstruktur nachhaltig. Dazu haben sie einen geringen Nährstoff- und Wasserbedarf und gelten somit als pflegeleichte und attraktive Blumen.

TIPP Wildbienen können die markhaltigen Stiele von großen Sonnenblumen nutzen, um darin ihre Nistgänge anzulegen. Deshalb sollte man die alten, trockenen Stängel über den Winter stehen lassen oder abgeschnitten als Insektenhotel bündeln.

Wie isst man Sonnenblumen?

Die getrockneten Kerne der Sonnenblume sind vielerorts als Nahrungsmittel bekannt und geschätzt. Wusstest du allerdings, dass auch die Blütenblätter, der Blütenboden und sogar junge Blätter und Stängel essbar sind? Der gesamte Blütenkopf mit unreifen Kernen kann zum Beispiel gegrillt und mit Butter bestrichen wie ein Maiskolben gegessen werden und stellt eine Delikatesse dar.

Studentenblume

Tagetes werden auch Studentenblumen genannt. Es gibt sie in vielen verschiedenen Farben und Wuchsformen.

Steckbrief

Aussaat/Anzucht	ab Mai
Dunkel-/Lichtkeimer	Lichtkeimer, nur andrücken oder leicht mit Erde bedecken
Pflanzabstand	20–30 cm
Größe/Wuchs	je nach Sorte zwischen 20–80 cm
Blüte	nach 2–3 Monaten

Welche Studentenblumensorte eignet sich für meinen Garten?

→ **Höhe:** Studentenblumen wachsen je nach Sorte zu buschigen, hohen Pflanzen heran, manche bleiben niedrig und eignen sich als Unterpflanzung für höhere Kulturen.

→ **Blüte:** Einige Sorten bilden gefüllte Blüten, die für Bestäuber schwer zugänglich sind. Fürs Gemüsebeet eignen sich daher ungefüllte Sorten besser.

→ **Nutzung:** Von bestimmten Sorten kann man die essbaren Blüten gut in der Küche einsetzen. Besonders die Gewürz-Tagetes und Anis-Tagetes sind bekannt für ihren aromatischen Geschmack. Andere Sorten sind zwar essbar, aber nicht besonders schmackhaft.

Was sind die Vorteile von Tagetes im Gemüsebeet?

Die meisten Sorten der Studentenblume haben Eigenschaften, die sich im Gemüsebeet besonders positiv auswirken:

→ **Nematodenhemmung:** In ihren Wurzeln bilden sie Stoffe, die schädliche Fadenwürmer im Boden, auch Nematoden genannt, unterdrücken können. Die winzigen Würmchen befallen die Wurzeln von Pflanzen und beeinträchtigen deren Wachstum.

→ **Duftwirkung:** Studentenblumen haben einen sehr starken Geruch, der zwar viele Nützlinge anlockt, jedoch besonders Schädlinge wie die Weiße Fliege und Blattläuse abschrecken soll.

→ **Opferpflanze:** Studentenblumen werden gerne als Schneckenfutterpflanzen eingesetzt. Als Opferpflanzen lenken sie Schnecken von empfindlicheren Gemüsepflanzen ab.

Wildblumen

Sind Wildblumenmischungen sinnvoll?

Im Handel finden sich viele Saatgutpäckchen mit einer Samenzusammenstellung, die als „Wildblumenmischung" angepriesen wird. Der Gedanke dahinter ist natürlich super. Viele Gartenbesitzer*innen nutzen solche Mischungen, um einen wilden Blühstreifen anzulegen und Insekten Rückzugsorte und Nahrung zu bieten. Das Problem: Zwar enthalten diese Mischungen „Wildblumen", doch häufig handelt es sich nicht um heimische Arten, also keine Wildpflanzen, die tatsächlich aus deiner Region stammen. Solche Pflanzen sehen zwar schön aus, bieten den heimischen Wildbienen und anderen Insekten jedoch oft keine passende Nahrung. In manchen Mischungen finden sich sogar invasive Arten, die sich unkontrolliert ausbreiten und heimische Arten verdrängen können. Wenn du also wirklich etwas für gefährdete Insekten tun willst, solltest du etwas mehr Zeit investieren und eine Mischung wählen, die tatsächlich auf deine Region abgestimmt ist, oder selbst eine Mischung aus geeigneten Pflanzen zusammenstellen. Dabei können Fachleute im Gartencenter oder bei Naturschutzorganisationen helfen.

TIPP Nur weil es im Blühstreifen summt und brummt, heißt das nicht, dass auch gefährdete Wildbienen Nahrung finden: Honigbienen und viele andere Insekten nutzen den Nektar von fast allen Blüten, während viele Wildbienen auf ganz bestimmte Pflanzen spezialisiert sind und mit den anderen Blumen nichts anfangen können.

Kräuter

Wie ernte ich Kräuter?

Um zu verhindern, dass deine Kräuter mit kahlen, abgeernteten Stängeln dastehen und womöglich nicht mehr neu austreiben, gibt es einige Tipps zu beachten. Wenn du dich daran hältst, wachsen deine Pflanzen buschig und gesund, und du kannst regelmäßig ernten. Ich teile die Kräuter in vier Gruppen ein, welche du unterschiedlich beernten solltest:

Basilikum, Salbei, Melisse, Minze: Auf keinen Fall solltest du hier einzelne Blätter abzupfen. Das führt dazu, dass die Stiele kahl werden und die Pflanze abstirbt. Stattdessen solltest du den Stängel direkt über einem Blattpaar abknipsen. In den beiden Blattachsen bilden sich dann neue Triebe. Manchmal sind diese Ansätze sogar schon zu sehen. Wenn du Kräuter regelmäßig auf diese Weise erntest, verdoppelt sich nach jeder Ernte die Anzahl der Stängel, die Ernte vervielfacht sich und die Pflanzen wachsen buschig und gesund.

Rosmarin, Thymian, Oregano, Bohnenkraut: Auch hier solltest du keine Einzelblätter abzupfen. Schneide stattdessen lieber ganze Stiele ab, wie bei Minze, Basilikum und Co. Zusätzlich solltest du diese Kräuter regelmäßig komplett zurückschneiden: Im Frühjahr können

sie um zwei Drittel eingekürzt werden und im Sommer nach der Blüte um ein Drittel. Das regt sie zum Wachstum an und sorgt dafür, dass die Pflanzen eine kompakte Form behalten. Besonders Bohnenkraut neigt dazu, stark in alle Richtungen zu wuchern.

Schnittlauch, Schnittknoblauch: Diese Kräuter profitieren von einem regelmäßigen Schnitt. Du greifst dir ein Büschel der länglichen Blätter und schneidest es mit einer scharfen Schere oder einem Messer wenige Zentimeter über dem Boden ab. Das regt den Neuaustrieb an, und meist kannst du schon nach wenigen Wochen erneut ernten.

Petersilie, Koriander: Der folgende Hinweis gilt nicht für Supermarkt-Töpfchen, denn darin stecken oft bis zu fünfzig Pflanzen auf engstem Raum. Im Garten oder in größeren Töpfen sollten die einzelnen Pflanzen mindestens zehn Zentimeter Abstand zueinander haben, dann wachsen sie schön buschig, und du kannst sie wie folgt ernten: Die Pflanze treibt aus der Mitte heraus aus, das heißt, die äußeren, älteren Blätter solltest du als Erstes ernten. Dabei brichst du das Blatt samt Stiel bodennah ab. Solltest du die ganze Pflanze abernten wollen, solltest du etwa zehn Zentimeter stehen lassen, damit das Herz unversehrt bleibt. So kann die Pflanze neu austreiben.

Wie vermehre ich Kräuter?

Beinahe alle Kräuter, ausgenommen Petersilie und Schnittlauch, kannst du über Stecklinge vermehren. Dafür schneidest du einen etwa zehn Zentimeter langen Stängel oberhalb einer Blattachse ab. Die unteren zwei Drittel des Stängels befreist du von Blättern. Nun kannst du den Steckling entweder direkt in Erde stecken oder zunächst in Wasser stellen. Je nach Pflanze dauert es nur wenige Tage bis zu mehreren Wochen, bis sich Wurzeln bilden. Diese Methode ist schnell und effektiv, denn der Steckling bringt bereits Blattmasse mit sich und hat dadurch einen Wachstumsvorsprung gegenüber Keimlingen aus Samen.

Zusätzlich lassen sich alle Kräuter durch Saatgut vermehren: Lässt du die Pflanze blühen, kannst du die getrockneten Blütenstände nach dem Verblühen ernten und das darin enthaltene Saatgut sammeln und aufbewahren.

Kann ich Kräuterblüten essen?

Die meisten Kräuterblüten sind essbar und sogar sehr schmackhaft, mit einer wichtigen Ausnahme: Die Petersilie solltest du nicht mehr essen, wenn die Pflanze Blüten entwickelt hat, da sie dann einen Giftstoff enthält. Bei anderen Kräutern sieht das ganz anders aus: Die Blüten von Schnittlauch sind nicht nur hübsch anzusehen, sie schmecken auch würzig und machen sich hervorragend in Kräuterbutter oder über Salate gestreut. Auch die Blüten mediterraner Kräuter wie Oregano, Thymian oder Salbei sind nicht nur wahre Insektenmagnete, sondern auch essbar. Du kannst sie frisch oder getrocknet verwenden. Die Blüten von Basilikum sind grundsätzlich essbar, allerdings verholzt die Pflanze nach der Blüte, die Blätter werden zäh und bitter (mehr dazu auf Seite 188). Auch Minzblüten sind essbar, schmecken jedoch eher mild. Die Blätter verlieren nach der Blüte etwas an Aroma.

Kann ich Kräuter überwintern?

Ob Kräuter den Winter überstehen, hängt davon ab, ob die Kräuter winterhart und mehrjährig sind. Hier eine Auflistung einiger Kräuter:

→ **Basilikum:** Ist eine einjährige Pflanze und geht im Herbst ein. Viele Basilikumsorten stellen nach der Blüte im Sommer schon das Blattwachstum ein. Jedoch kannst du ganz leicht dafür sorgen, dass sich die Pflanze selbst neu aussät, indem du die Samen an Ort und Stelle aus den vertrockneten Blütenständen schüttelst. Häufig wächst dann an der gleichen Stelle in der nächsten Saison wieder Basilikum.

- **Schnittlauch:** Ist eine winterharte Pflanze und treibt jedes Jahr wieder neu aus. Wenn dein Schnittlauch geblüht hat, kannst du die entstandenen Samen um die Pflanze herum verteilen.
- **Petersilie:** Petersilie ist eine zweijährige Pflanze, die nach der Blüte im zweiten Jahr abstirbt. Aus den Blütenständen kannst du Samen entnehmen, es wird jedoch empfohlen, die Petersilie nicht am selben Ort im Beet erneut auszusäen, damit sich der Boden dort regenerieren kann.
- **Salbei:** In der Regel ist Salbei winterhart, wenngleich es einige Sorten gibt, die empfindlicher auf kalte Temperaturen reagieren. Um sicherzugehen, kannst du deinen Salbei im Winter mit einer dicken Mulchschicht schützen. Üblicherweise treibt er im nächsten Frühjahr wieder aus, auch wenn die Blätter aus dem Vorjahr vertrocknet und abgestorben wirken.
- **Oregano:** Ist eine mehrjährige, üblicherweise winterharte Pflanze und kann gut im Beet oder Topf überwintern.
- **Rosmarin:** Ist eine mehrjährige Pflanze, die zwar theoretisch den Winter überstehen kann, jedoch leicht frostempfindlich ist. Ich würde dir empfehlen, deinen Rosmarin im Winter zusätzlich zu schützen, etwa mit einer Mulchschicht oder Tannenzweigen.
- **Thymian:** Ist eine mehrjährige, winterharte Pflanze und übersteht üblicherweise auch Frost ohne Probleme.
- **Bohnenkraut:** Ist ebenfalls winterhart und mehrjährig und übersteht Frost problemlos.
- **Minze:** Ist extrem robust und winterhart. Die oberirdischen Pflanzenteile sterben im Winter komplett ab, die Minze treibt aber im Frühjahr neu aus.
- **Melisse:** Ist ähnlich wie Minze extrem robust, winterhart und treibt im Frühling neu aus.

Basilikum

Steckbrief

Aussaat/Anzucht	ab Mai
Dunkel-/Lichtkeimer	Lichtkeimer, nur andrücken
Pflanzabstand	10–20 cm
Größe/Wuchs	bis zu 70 cm hoch, buschiger Wuchs bei konsequenter Ernte
Ernte	ganze Zweige oberhalb eines Blattpaares ernten, einzelne Blätter sollten nicht abgezupft werden

Warum geht der Basilikum-Topf aus dem Supermarkt ein?

Töpfe mit Basilikum aus dem Supermarkt sind mit Dutzenden Pflanzen viel zu dicht bepflanzt. Diese stehen dicht an dicht und konkurrieren miteinander um Platz, Licht und Nährstoffe, deshalb gehen sie früher oder später ein. Wenn du den Basilikum aus dem Supermarkt langfristig beernten und erhalten möchtest, solltest du die Pflanzen unbedingt vereinzeln. Ich empfehle, nur eine einzige Pflanze

Pflanzen

pro Topf zu halten. Andere Empfehlungen lauten, drei bis fünf Pflanzen beieinander zu lassen. Mit ausreichend Platz erholen sich die Pflanzen schnell und können deutlich kräftiger wachsen. Zu beachten ist, dass Basilikum beim Umtopfen recht empfindlich sein kann. Einige Pflanzen überleben das Vereinzeln nicht. Meist überleben dennoch genug Pflanzen den Stress des Umtopfens und gedeihen prächtig. Du kannst stattdessen aber auch Stecklinge ziehen: Dazu schneidest du die Stängel oberhalb einer Blattgabelung ab und stellst sie in Wasser. Oft kannst du schon nach einer Woche die ersten Wurzeln sehen. Sobald diese gut verzweigt sind, kann der Steckling in einen eigenen Topf umziehen.

Warum verholzt mein Basilikum und schmeckt bitter?

Sobald Basilikum zu blühen beginnt, steckt die Pflanze vermehrt Energie in die Bildung von Blüten und Samen. Dies führt dazu, dass die Stängel verholzen, die Blätter fest und zäh werden und an Aroma verlieren, häufig sogar bitter schmecken. Um dies zu verhindern, solltest du regelmäßig alle Triebspitzen ernten, denn genau dort bildet sich die Blüte. Durch das Herausknipsen der Spitzen investiert die Pflanze wieder Energie ins Wachstum, bevor sie erneut versucht, Blüten auszubilden. Auf diese Weise kannst du die Blüte oft um einige Wochen hinauszögern. Wenn du mehrere Basilikumpflanzen hast, solltest du einige davon schon früher blühen lassen, damit die Insekten davon profitieren können.

Welche Basilikumsorten lohnen sich?

Das typische Basilikum aus dem Supermarkt (meist „Genoveser Basilikum") ist nur eine von vielen verschiedenen Sorten. Wenn du Basilikum selbst anbaust, solltest du unbedingt verschiedene Varianten ausprobieren. Hier eine kleine Auswahl:

- **Rotes Basilikum:** Im Geschmack ähnlich wie das klassische, grüne Basilikum, aber durch die auffällige Farbe eine schöne optische Abwechslung, ideal zum Garnieren.
- **Griechisches Basilikum/Strauchbasilikum:** Bildet winzig kleine Blättchen und wächst kompakt als kugeliger Busch. Sehr pflegeleicht und aromatisch.
- **Thai-Basilikum:** Hat einen sehr intensiven, anisartigen Geschmack und wird oft in asiatischen Gerichten verwendet.
- **Zitronenbasilikum, Zimtbasilikum:** Diese Sorten bringen je eine eigene, würzige Note mit, die besonders gut zu entsprechenden Gerichten passt.

Minze

Steckbrief

Aussaat/Anzucht	ab Mai
Dunkel-/Lichtkeimer	Lichtkeimer, nur andrücken
Pflanzabstand	Minze wächst wuchernd und eng
Größe/Wuchs	Buschig, wuchernd
Ernte	Ganze Zweige oberhalb eines Blattpaares ernten, einzelne Blätter sollten nicht abgezupft werden

Warum gehört Minze nicht ins Beet?

Minze ist ein echter Klassiker im Kräutergarten. Sie ist robust, pflegeleicht und treibt selbst dann wieder neu aus, wenn sie einmal komplett vertrocknet scheint. Genau das macht sie aber auch problematisch: Minze vermehrt sich über unterirdische Ausläufer und kann sich dadurch extrem schnell im Beet ausbreiten. Wenn du sie einmal ins Beet gepflanzt hast, wirst du sie so gut wie nie wieder los. Selbst kleinste Wurzelreste treiben zuverlässig wieder neu aus und verdrängen mit der Zeit benachbarte Pflanzen. Meine Empfehlung: Wenn du auf frische Minze nicht verzichten möchtest, kannst du eine Wurzelsperre rund um die Pflanze einbauen oder sie direkt in einem ausreichend großen Kübel kultivieren. Kreative Lösungen wie ausgediente Zinkwannen oder alte Badewannen eignen sich ebenfalls gut und werden zum Blickfang im Garten.

Welche Minzsorten lohnen sich anzubauen?

Es gibt eine Vielzahl von Minzsorten, die sich für unterschiedliche Zwecke im Garten kultivieren lassen. Einige eignen sich gut für Desserts oder als Beigabe zu Kaltgetränken, andere schmecken getrocknet besonders aromatisch als Tee. Hier eine kleine Übersicht verschiedener Minzsorten:

→ **Pfefferminze, Krause Minze und Marokkanische Minze:** Alle drei sind sehr intensiv im Geschmack und ideal für Tee oder Eistee.

→ **Zitronenminze:** Wie der Name vermuten lässt, hat diese Sorte eine deutliche Zitrusnote und verleiht Desserts und Getränken ein zitronig-minziges Aroma.

→ **Schokominze:** Diese Minze schmeckt leicht schokoladig und passt hervorragend zu Desserts.

→ **Ananasminze und Erdbeerminze:** Diese Sorten haben ein fruchtiges Aroma und machen sich besonders gut in Obstsalaten oder fruchtigen Sommergetränken.

Petersilie

Steckbrief

Aussaat/Anzucht	Vorkultur ab Februar, Direktsaat ab April
Dunkel-/Lichtkeimer	Dunkelkeimer, Saattiefe: 1 cm
Pflanzabstand	10–15 cm
Größe/Wuchs	buschig
Ernte	Ernte von außen nach innen, ganze Stiele ernten, dabei das Herz der Pflanze stehen lassen

Wieso geht die Petersilie aus dem Supermarkt ein?

Genauso wie Basilikum im Topf ist auch Petersilie aus dem Supermarkt viel zu dicht gesät. In einem einzigen Topf befinden sich Dutzende Pflanzen, die miteinander um Platz, Licht und Nährstoffe konkurrieren. Das hemmt das Wachstum und sorgt dafür, dass die Petersilie bald eingeht. Du solltest die Pflänzchen vereinzeln, damit sie ihr volles Wachstumspotenzial entfalten können. Nach dem Vereinzeln sterben in der Regel die bestehenden, langen Blätter ab, doch das ist kein Grund zur Sorge: Schon kurz darauf treiben aus dem Herz der Pflanze neue Blätter aus. Wichtig ist, dass du die Petersilie nicht zu tief pflanzt, damit du das Herz nicht beschädigst. Oft wird empfohlen, Supermarkt-Petersilie einfach auf zwei oder drei Töpfe aufzuteilen, davon rate ich ab. Zwar haben die Pflanzen dann etwas mehr Platz, doch um sich wirklich gut zu entwickeln, braucht jede einzelne Pflanze mindestens zehn Zentimeter Abstand zur nächsten. Mit ausreichend Platz wird jede einzelne Pflanze zu einem kräftigen Busch mit großen, aromatischen Blättern.

Kann ich Petersilie essen, wenn die Pflanze in die Blüte gegangen ist?

Petersilie bildet nach der Blüte vermehrt einen Giftstoff, der in größeren Mengen gesundheitsschädlich sein kann. Sobald Petersilie zu blühen beginnt, solltest du weder Pflanze noch Blüte verzehren.

Schnittlauch

Steckbrief

Aussaat/Anzucht	Vorkultur ab Februar, Direktsaat ab März
Dunkel-/Lichtkeimer	Dunkelkeimer, Saattiefe: 1cm
Pflanzabstand	breitwürfig aussäen
Größe/Wuchs	20–30cm hoch
Ernte	nach 2–4 Monaten

Von der Aussaat bis zur Ernte: Wie funktioniert das bei Schnittlauch?

Schnittlauch ist eine sehr unkomplizierte und pflegeleichte Pflanze. Er kann im Frühling breitwürfig im Beet, Kübel oder Topf ausgesät werden und wächst schnell zu kleinen, an junges Gras erinnernden Halmen heran. Schnittlauch ist mehrjährig und frosthart. Im ersten Jahr nach der Aussaat sind die Halme meist noch sehr dünn und fein. Je älter die Pflanze wird, desto größere und dickere, innen hohle Halme wachsen. Um Schnittlauch schnell und unkompliziert zu vermehren, kann eine etablierte Pflanze, zum Beispiel im

zweiten Jahr, ausgegraben und geteilt werden. Die Pflanze vermehrt sich nämlich nicht nur über Samen, sondern bildet unterirdisch Tochterzwiebeln. Das erklärt auch, warum Schnittlauch in der Natur in dichten Büscheln (Horsten) auftritt. Der so geteilte Schnittlauch wird automatisch mit der Zeit buschig und voll.

Was tun wenn der Schnittlauch blüht?

Vom Frühling bis in den späten Sommer hinein kann Schnittlauch Blüten entwickeln. Die gute Nachricht: Die Blüten sind nicht nur hübsch, sondern auch essbar und schmecken sogar fast noch besser als die Halme selbst! Die hübschen, lila farbenen Blüten haben zusätzlich zum typischen Schnittlauch-Geschmack eine lieblich-süße Note. Sie eignen sich ideal zum Verzieren von Salaten, zur Herstellung von Kräuterbutter und sind zudem ein wahrer Insektenmagnet. Der jeweilige Halm, der die Blüte trägt, wird nach der Blüte holzig und fest und eignet sich nicht mehr gut zum Verzehr. Wird die Blüte nicht geerntet, entwickelt sie eine Vielzahl von Samen. Diese können entweder an Ort und Stelle ausgeschüttelt werden, um sich von selbst zu vermehren, oder abgesammelt und für die Aussaat aufbewahrt werden.

Unkraut

Wieso ist das Wort „Unkraut“ umstritten?

Für unerwünschte Pflanzen im Garten gibt es verschiedene Bezeichnungen. Die geläufigste ist „Unkraut“. In der Garten-Community ist dies jedoch ein umstrittener Begriff. Viele bevorzugen den Begriff „Beikraut“, um die abwertende, negative Konnotation der Silbe „Un-“ zu vermeiden, wie sie auch in Wörtern wie „Unmensch“ oder „Untier“ verwendet wird. Andere sprechen lieber von „Wildkräutern“, da viele dieser Pflanzen essbar oder heilkundlich nutzbar sind und einen Mehrwert für den Menschen darstellen. Ich verwende meist den Begriff Unkraut für alle Pflanzen, die sich dort ausgesät haben, wo ich sie nicht haben möchte. Eine unerwünschte Pflanze im Gemüsebeet kann aber in anderen Teilen des Gartens durchaus erwünscht und somit kein Unkraut sein.

Wie kann ich Unkraut vorbeugen und bekämpfen?

Damit du im Sommer nicht ständig jäten musst, lohnt es sich, bereits im Frühjahr die Grundlage für ein möglichst unkrautfreies Beet zu legen. Solange Unkräuter noch kleine Keimlinge sind, entfernst du sie am besten durch regelmäßiges Hacken. Dies verbessert zusätzlich den Wasserhaushalt des Bodens. Den Boden zwischen Saatreihen und Pflanzen solltest du daher in kurzen Abständen oberflächlich lockern. Auch das Mulchen hilft effektiv: Eine dicke Mulchschicht unterdrückt das Keimen von Unkräutern und hält gleichzeitig die Feuchtigkeit im Boden. Sollten sich trotz dieser Maßnahmen Unkräuter durchsetzen, wartest du am besten, bis sie etwa zehn Zentimeter groß sind. Dann kannst du sie gut greifen und mitsamt Wurzel herausziehen. Wichtig ist es, dass du sie vor der Blüte und Samenbildung entfernst, um eine unkontrollierte Ausbreitung zu verhindern. Besonders hartnäckig sind Wurzelunkräuter wie Disteln, Quecke oder Giersch. Diese solltest du regelmäßig mitsamt so vielen Wurzeln wie möglich tiefgründig entfernen. Wenn du Beete neu anlegst, kannst du zusätzlich mit der No-Dig-Methode arbeiten. Diese hilft dabei, hartnäckige Unkräuter langfristig zu unterdrücken oder zumindest zu schwächen.

Sollte ich Herbizide gegen Unkraut einsetzen?

In diesem Buch finden sich keine Empfehlungen für den Einsatz chemischer Mittel gegen jegliche Art von Pflanzen, genau wie ich vom Einsatz chemischer Mittel gegen Schädlinge abrate. Egal, für wie „sicher" das jeweilige Gift für Mensch und Tier eingestuft wird, es ist möglich, ohne chemische Mittel zu gärtnern, und das wird von vielen Gärtner*innen erfolgreich seit Jahrzehnten praktiziert. Wichtig ist es, vorbeugende Maßnahmen zu treffen und regelmäßig gegen unerwünschte Pflanzen vorzugehen.

Was ist der Ackerschachtelhalm?

Ackerschachtelhalm ist eine der hartnäckigsten Pflanzen im Garten. Er bildet extrem tiefe Wurzeln und vermehrt sich über unterirdische Ausläufer. Wird nur der oberirdische Teil entfernt, treibt er zuverlässig wieder aus. Ackerschachtelhalm bevorzugt feuchte, verdichtete, saure Böden. Eine nachhaltige Bekämpfung gelingt am besten durch Bodenverbesserung: Dazu zählen das regelmäßige Lockern des Bodens, zum Beispiel durch Gründüngung oder Hacken, sowie das Kalken, um den pH-Wert anzuheben. Trotz seiner Hartnäckigkeit ist der Ackerschachtelhalm nützlich: Er lässt sich nämlich zu einem natürlichen Pflanzenschutzmittel (Ackerschachtelhalmsud) verarbeiten, das vorbeugend gegen Pilzkrankheiten wie Mehltau oder Rost wirkt. Du kochst ihn für mindestens 20 Minuten aus und kannst die fertige Brühe verdünnt aufs Laub sprühen oder ins Gießwasser geben.

Wie sollte ich mit dem Acker-Senf umgehen?

Acker-Senf hat eine tiefreichende Pfahlwurzel und kann recht hoch wachsen. Alle Pflanzenteile sind essbar und haben einen scharfen Senfgeschmack. Auch wenn er im Gemüsegarten meist unerwünscht ist, spielt der Acker-Senf eine wichtige ökologische Rolle: Er dient zahlreichen Wildbienenarten und anderen Insekten als wertvolle Nahrungsquelle. Falls du ihn also im Gemüsebeet eher nicht haben möchtest, solltest du ihn an anderen Stellen im Garten möglichst stehen lassen. Um seine Ausbreitung im Gemüsebeet zu verhindern, hilft eine dicke Mulchschicht und das vollständige Entfernen aller Wurzelteile.

Wie verhindere ich die Ausbreitung der Ackermelde?

Es gibt verschiedene Arten der Melde. Im Gemüsebeet findet sich besonders häufig die Ackermelde mit meist länglich-gezackten Blättern. Mit ihr verwandt ist die Gartenmelde mit größeren, runden Blättern, die es zudem in verschiedenen Farbvarianten gibt, etwa rot-violett oder grün. Sie wird unter anderem als Kulturpflanze gezüchtet und zu Salat verarbeitet, während die Ackermelde zu den klassischen Unkräutern gezählt wird. Die Melde bildet unzählige Samen, sobald sie blüht, und kann sich dadurch rasant ausbreiten. Du solltest sie daher unbedingt vor der Blüte entfernen, durch regelmäßiges Hacken, Jäten und Mulchen.

Warum ist die Ackerwinde problematisch?

Die Ackerwinde ist eine stark rankende und schnell wachsende Schlingpflanze, die sich im Gemüsebeet rasch ausbreiten kann. Mit ihrem weit verzweigten Wurzelsystem entzieht sie den Kulturpflanzen Nährstoffe, Wasser und Platz und wird dadurch schnell zum Problem. Ihre langen Ranken winden sich um andere Pflanzen und Zäune und wirken dabei sehr dekorativ, was sie für unerfahrene Gärtner*innen auf den ersten Blick oft nicht wie ein Unkraut erscheinen lässt.

Wieso sollte ich die Ausbreitung von Amarant verhindern?

Amarant ist eine ursprünglich aus Südamerika stammende Pflanzengattung, die mittlerweile auch in Europa verbreitet ist. Einige Arten werden hier für ihre getreideähnlichen Samen kultiviert, andere gelten als invasive Unkräuter. Diese bilden Tausende von Samen, die sich über Wind und Tiere auf dem Boden leicht verbreiten. Da Amarant hier nicht heimisch ist, sich jedoch stark ausbreitet, solltest du die Pflanze möglichst frühzeitig entfernen und an der Samenbildung hindern, um eine weitere Ausbreitung zu vermeiden.

Wieso sollte man Berufkraut entfernen?

Besonders das Einjährige Berufkraut gilt in Deutschland als invasiv und kann heimische Wildpflanzen verdrängen. Es breitet sich rasant aus, nicht nur im Beet, auch auf Grünflächen, Parkplätzen oder zwischen Pflastersteinen, überall dort, wo die feinen Samen mit Erde in Kontakt kommen. Wer einmal gelernt hat, das Berufkraut zu bestimmen, entdeckt es plötzlich überall. Die Blüten ähneln denen von Gänseblümchen oder Kamille: weißlich mit gelber Mitte, teils rosafarben. Viele Gärtner*innen lassen die Pflanze wegen ihrer hübschen Blüten aus Unwissenheit stehen, ohne zu erkennen, dass sie ein ökologisches Problem darstellen kann. Berufkraut solltest du unbedingt vor der Blüte vollständig samt Wurzel entfernen, um eine Samenbildung zu verhindern. Am besten entsorgst du die Pflanzen nicht auf dem Kompost, da die Samen sich sonst beim Verteilen des Komposts ungewollt verbreiten können.

Wie problematisch sind Disteln?

Es gibt mehrere Distel-Arten, die im Gemüsebeet problematisch werden können: Sie besitzen lange Pfahlwurzeln und breiten sich zusätzlich durch unterirdische Ausläufer aus. Das Entfernen gestaltet sich nicht nur wegen der tiefreichenden und verzweigten Wurzeln schwierig, sondern auch wegen der schmerzhaften Stacheln an Blättern und Stängeln. Wenn hier von Disteln als Unkraut die Rede ist, sind Arten wie die Acker-Kratzdistel oder Acker-Gänsedistel gemeint. Neben diesen gibt es auch Zierdisteln oder Wildarten wie die Silberdistel, die unter Naturschutz stehen. Diese treten im Gemüsebeet jedoch eher nicht auf. Wie bei anderen Wurzelunkräutern hilft langfristig nur das regelmäßige und tiefgründige Entfernen aller Wurzelteile. Ein Wurzelstecher kann dabei helfen, die Pfahlwurzel möglichst vollständig zu entfernen. Zusätzlich kannst du durch eine besonders dichte Bepflanzung dafür sorgen, dass die Disteln unterdrückt und in ihrem Wachstum behindert werden.

Wie bekomme ich Giersch in den Griff?

Eines der gefürchtetsten Unkräuter im Garten ist Giersch. Er lässt sich leicht an seinem dreikantigen Stiel und den dreiteiligen Blättern erkennen und gut von anderen Pflanzen unterscheiden. Giersch gehört zu den Wurzelunkräutern. Das bedeutet, er breitet sich nicht nur über Samen aus, sondern auch durch ein starkes unterirdisches Rhizomnetzwerk. Entfernst du die Pflanze nur oberflächlich, treibt sie immer wieder aus den verbleibenden Wurzelstücken neu aus. Diese können bis zu fünfzig Zentimeter tief in die Erde reichen und mehrere Meter in die Breite wachsen und sind entsprechend schwer vollständig zu entfernen. Um Giersch langfristig in den Griff zu bekommen, hilft nur regelmäßiges und möglichst tiefes Ausgraben der Wurzeln. Übrigens: Giersch ist ökologisch durchaus wertvoll. Er dient vielen Insekten als Nahrungsquelle und kann auch vom Menschen geerntet und als Wildgemüse zubereitet werden. In naturbelassenen Ecken des Gartens lohnt es sich daher gegebenenfalls, ihn bewusst stehen zu lassen.

Ist Jakobskreuzkraut gefährlich?

Das Jakobskreuzkraut, auch Jakobsgreiskraut genannt, ist eine heimische Pflanze, die sich in den letzten Jahren stark ausgebreitet hat, nicht nur in Gärten, auch in der Landwirtschaft und auf Weideflächen. Ein typisches Erkennungsmerkmal sind die gelben Blüten, die in Dolden an stark verzweigten Stängeln stehen. Die gesamte Pflanze ist giftig für Mensch und Tier und sollte daher nicht kompostiert und nur mit Handschuhen angefasst werden. Im Garten solltest du das Jakobskreuzkraut möglichst frühzeitig samt der langen Pfahlwurzel unter Zuhilfenahme eines Wurzelstechers entfernen, und zwar noch vor der Blüte, denn schon bald nach dem Aufblühen verbreiten sich die unzähligen Samen effizient mit dem Wind, ähnlich wie beim Löwenzahn.

Wie erkenne ich Knopfkraut?

Das Knopfkraut, auch Franzosenkraut genannt, breitet sich in vielen Gärten schnell als Unkraut aus. Die Pflanze bleibt meist recht klein und ist leicht erkennbar an ihren kleinen, weißen Blüten mit wenigen, kurzen Blütenblättern und einer gelben Mitte. Sie vermehrt sich ausschließlich über Samen, die in großer Zahl gebildet und verbreitet werden. Daher sollte Knopfkraut unbedingt vor der Blüte entfernt werden, um eine Ausbreitung zu verhindern. Es wächst sehr schnell. Innerhalb weniger Wochen entwickelt es sich vom Keimling zur blühenden Pflanze. Es handelt sich um einen Lichtkeimer, daher helfen Mulch und regelmäßiges Hacken dabei, die Keimung von Samen zu unterdrücken. Knopfkraut muss nach dem Jäten nicht unbedingt auf dem Kompost landen: Die Blüten und Blätter sind essbar.

Ist Löwenzahn ein Unkraut?

Die Garten-Community ist gespalten, ob Löwenzahn als Unkraut bekämpft oder als nützliche Pflanze toleriert werden sollte. Tatsächlich sind alle Pflanzenteile essbar: Die Wurzeln können zu Kaffeeersatz verarbeitet, die Blüten zu honigartigem Sirup eingekocht und die Blätter im Salat gegessen werden. Auch für einheimische Insekten ist Löwenzahn wertvoll: Als eine der ersten blühenden Pflanzen im Jahr liefert er frühzeitig Nektar und Pollen. Wer Insekten unterstützen möchte, kann den Löwenzahn stehen lassen und lediglich die verblühten Blütenstände abschneiden, um eine unkontrollierte Aussaat zu verhindern.

Wenn sich Löwenzahn jedoch unerwünscht im Beet vermehrt, kannst du ihn mit einem Wurzelstecher gut entfernen. Der Einsatz dieses Werkzeugs ist wichtig, denn Löwenzahn bildet eine lange Pfahlwurzel, die bei oberflächlichem Ziehen oft abbricht, was dazu führt, dass die Pflanze erneut austreibt.

Wie handhabe ich Portulak?

Portulak wird von vielen Gärtner*innen gezielt als Kulturpflanze ins Beet gesetzt und als Salat geerntet. Die dickfleischigen, sukkulentenartigen Blätter haben einen milden, säuerlichen Geschmack. Doch Portulak kann sich ebenso unkontrolliert ausbreiten: Die Pflanze sät sich sehr leicht selbst aus, und aus jedem zurückgebliebenen Pflanzenteil kann eine neue Pflanze entstehen. Zudem bildet Portulak eine Pfahlwurzel, die du beim Jäten vollständig entfernen solltest, da er andernfalls wieder neu austreibt. Er ist äußerst robust, gedeiht selbst bei extremer Trockenheit und kann dadurch schnell zum dominanten Unkraut werden. Um eine übermäßige Ausbreitung zu verhindern, solltest du die Pflanzen frühzeitig entfernen und die Beete regelmäßig hacken oder mulchen.

Wie vermeide ich die Ausbreitung von Quecke?

Quecke zählt genau wie Giersch zu den besonders hartnäckigen Unkräutern, da sie sich durch unterirdische Rhizome vermehrt. Auf den ersten Blick sieht sie aus wie normales Gras, ist jedoch schwer in den Griff zu bekommen und konkurriert mit Kulturpflanzen um Licht, Platz und Nährstoffe. Anders als Giersch wurzelt Quecke nicht besonders tief, breitet sich dafür aber rasch horizontal in alle Richtungen aus. Wie bei allen Wurzelunkräutern gilt: So viele Ausläufer wie möglich sollten entfernt werden. Zusätzlich kann es helfen, Kulturpflanzen mit großem Laub zu setzen, die den Boden stark beschatten. Das hemmt das Wachstum der Quecke, die viel Licht zum Wachstum benötigt. Eine weitere effektive Methode zur Bekämpfung ist das Neuanlegen des Beetes mit der No-Dig-Methode. Auch regelmäßiges Mulchen mit einer dicken Schicht unterdrückt die Quecke nachhaltig.

Wie erkenne ich Schöllkraut?

Das Schöllkraut ist an seinen leuchtend gelben Blüten und dem orangefarbenen, milchigen Saft zu erkennen, der beim Abbrechen von Stiel oder den Blättern austritt. Der Milchsaft ist giftig für den Menschen. Im Garten breitet sich Schöllkraut durch Selbstaussaat rasch aus und bildet mit der Zeit tiefe Pfahlwurzeln. Ist es einmal etabliert, lässt es sich nur schwer wieder loswerden. Willst du es dennoch versuchen, solltest du die Pflanzen frühzeitig samt Wurzel ausgraben und die Fläche anschließend dick mulchen oder dicht bepflanzen, um ein erneutes Austreiben zu verhindern. Einige Gärtner*innen lassen Schöllkraut bewusst als Staude in naturnahen Beeten stehen, da es Insekten Nahrung bietet und mit seiner langanhaltenden, leuchtend gelben Blüte einen Farbtupfer im Garten darstellt.

Ist Schwarzer Nachtschatten giftig?

Der Schwarze Nachtschatten gehört zur Familie der Nachtschattengewächse, wie auch Kartoffeln, Tomaten und Auberginen. Die Verwandtschaft ist gut an den weißen Blüten mit gelben, deutlich hervorstehenden Staubgefäßen erkennbar, die typisch für viele Nachtschattenarten sind. Nach der Blüte bildet die Pflanze grüne Beeren aus, die beim Reifen schwarz werden. Diese Beeren sind für den Menschen giftig. Der Schwarze Nachtschatten vermehrt sich ausschließlich über Samen in den Beeren. Wenn du ihn im Beet entdeckst, solltest du ihn möglichst frühzeitig samt Wurzel entfernen, idealerweise vor der Fruchtbildung.

Was ist Vogelmiere, und wie lässt sie sich unterdrücken?

Vogelmiere ist eine schnell wachsende, feinblättrige Pflanze mit dünnen Stängeln und zarten, weißen Blüten. Dort, wo die Stängel den Boden berühren, bildet die Pflanze neue Wurzeln und breitet sich so weiter aus. Sie blüht fast das ganze Jahr über und produziert unzählige Samen, die wiederum zur schnellen Vermehrung beitragen. Die einfachste Methode, Vogelmiere zu bekämpfen, ist das regelmäßige Jäten per Hand. Die Wurzeln sind in der Regel eher flach und lassen sich leicht entfernen. Auch eine dicke Mulchschicht kann ihr Wachstum effektiv unterdrücken. Trotz ihres Rufs als Unkraut kann Vogelmiere als Bodendecker und Lebendmulch sogar nützlich sein, vor allem unter tief wurzelnden Kulturpflanzen, mit denen sie nicht um Nährstoffe konkurriert. Ist sie jedoch erst einmal etabliert, treibt sie in der Regel über Jahre hinweg an derselben Stelle wieder aus. Vogelmiere ist essbar und kann Salaten einen frischen, erbsenartigen Geschmack verleihen. Ihren Namen verdankt sie der Tatsache, dass viele Vögel ihre Samen gerne fressen.

Kann ich Wegerich stehen lassen?

Sowohl der Spitzwegerich als auch der Breitwegerich sind heimische Pflanzen, die in vielen Gärten wachsen. Manche Gärtner*innen betrachten sie als Unkraut, im Gemüsegarten sind sie jedoch meist unproblematisch: Wenn sie sich zu stark ausbreiten, sollte man sie einfach samt Wurzel ausgraben. Etablierte Pflanzen bilden lange Pfahlwurzeln, die du entfernen solltest, wenn du nicht willst, dass die Pflanze erneut austreibt. Beide Arten sind essbar: Sie können als Salat gegessen sowie als Heilpflanzen verwendet werden und spielen auch eine wichtige ökologische Rolle für die Insektenwelt. Du solltest sie daher nur entfernen, wenn es wirklich nötig ist.

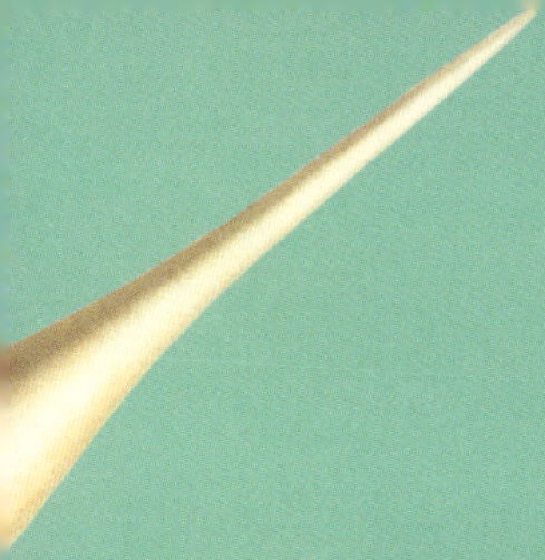

KAPITEL 6

PRAXISTIPPS FÜRS ERSTE GARTENJAHR

Aller Anfang ist bekanntlich schwer – muss er aber nicht sein! Damit du einfacher mit dem Gärtnern starten kannst, teile ich in diesem Kapitel ein paar praktische Tipps mit dir, die ich mir im ersten Gartenjahr selbst gewünscht hätte.

Wie sieht ein sinnvolles Gartenoutift aus?

Ich weiß, kurze, stylische Hosen, wallende Röcke und verträumte Kleider lassen Gartenbilder traumhaft wirken. Die Realität in einem naturnahen Garten sieht jedoch anders aus: Jedes Stückchen freie Haut wird schnell zur Angriffsfläche für Insekten oder wird von Pflanzen zerkratzt. Wir gärtnern ja mit dem Ziel, möglichst viele Insekten und Nützlinge anzulocken. Ein gesunder Garten summt und brummt. Deshalb gehe ich nur mit geschlossenem Schuhwerk und langer Hose in den Garten. In vielen Gärten, auch in meinem, gibt es Kriebelmücken. Wer von ihnen gebissen wird, reagiert häufig allergisch: Der Fuß kann so stark anschwellen, dass kein Schuh mehr passt. Auch die Sonne darf nicht unterschätzt werden. Ich trage immer einen Sonnenhut, denn mein Kopf ist im Garten oft stundenlang der Sonne ausgesetzt, und das vergisst man bei der Arbeit schnell. Übrigens: Es gibt einige Pflanzen, dazu gehören Gurken, Zucchini, Radieschen und Borretsch, deren Blätter und Stiele mit feinen Borsten oder kleinen Stacheln besetzt sind. Bei Hautkontakt kann das zu Reizungen führen. Ich bekomme regelmäßig juckende Stellen oder Ausschlag an Händen und Armen, wenn ich diese Pflanzen ohne Handschuhe anfasse.

Was sind die besten Beetnachbarn?

Hier sind einige Pflanzenkombinationen, die ich fast jedes Jahr in Mischkultur nebeneinander anpflanze, damit diese voneinander profitieren:

→ **Kartoffeln + Ringelblumen:** Die Ringelblumen halten Schädlinge von den Kartoffeln fern und locken Nützlinge an.

→ **Zwiebeln oder Lauch + Karotten:** Die Pflanzen wehren gegenseitig Zwiebelfliege und Karottenfliege ab.

→ **Basilikum + Tomaten:** Basilikum soll das Aroma der Tomaten verbessern und kann Schädlinge fernhalten.

→ **Studentenblume + Kohl:** Tagetes wirkt abschreckend auf den Kohlweißling und auf Schädlinge im Boden.

→ **Kapuzinerkresse + Gurken:** Die Kapuzinerkresse hält Blattläuse und andere Schädlinge fern und fungiert als lebender Mulch.

Welche Pflanzen sind besonders einfach für den Anfang?

Wenn du noch wenig Erfahrung mit dem Gärtnern im Nutzgarten hast, solltest du mit einfach zu ziehenden Kulturpflanzen beginnen. Diese Arten finde ich sehr unkompliziert und verzeihend im Anbau:

→ **Mangold:** Die jungen Blätter eignen sich für Salate, größere Blätter können wie Spinat gekocht werden.

→ **Radieschen:** Keimen schnell und wachsen fast immer zuverlässig, wichtig sind ein sonniger Standort und ein lockerer Boden.

→ **Buschbohnen:** Einfach im Anbau, benötigen keine Rankhilfe, wachsen schnell und können über viele Wochen hinweg beerntet werden.

→ **Zucchini:** Sehr ertragreich, oft so viel, dass man kaum mit dem Ernten nachkommt. Um die Bestäubung sicherzustellen, lohnt es sich, in der Nähe insektenfreundliche Blumen zu pflanzen.

→ **Rucola:** Wächst schnell, kann mehrfach geerntet werden und zieht, wenn er in die Blüte gekommen ist, viele Insekten an.

→ **Kartoffeln:** Kaum Aufwand, kein Vorkeimen nötig, sie wachsen zuverlässig, sogar mit wenig Wasser.

→ **Rote Bete:** Einfach aussäen und warten. Wer große Knollen möchte, kann die Keimlinge ausdünnen, das muss aber nicht unbedingt gemacht werden.

→ **Tomaten:** Einfach robuste Freiland-Jungpflanzen kaufen, regelmäßig gießen und bis in den Herbst hinein ernten.

Welche Blumen lohnen sich, jedes Jahr in den Garten zu pflanzen?

Zur natürlichen Schädlingsbekämpfung pflanze ich jedes Jahr Ringelblumen, Studentenblume (Tagetes) und Kapuzinerkresse. Zusätzlich dürfen Malven, Kornblumen und Kamille nicht fehlen, sie bringen Farbe ins Beet und liefern essbare Blüten. Borretsch würde ich gerne als Beetumrandung pflanzen, wenn ich genügend Platz hätte.

Tagetes und Kapuzinerkresse

Kann ich Jungpflanzen auch kaufen?

Ich weiß, die Verlockung ist groß, direkt all-in zu gehen ins Gartenjahr und schon im Frühling mit der Voranzucht zu starten. Aus Erfahrung kann ich dir sagen: Es passiert leicht, dass man den Zeitaufwand unterschätzt, den die Anzucht vieler Pflanzen tatsächlich mit sich bringt. Fürs erste Gartenjahr empfehle ich, nur ein bis maximal drei verschiedene Pflanzenarten zu Hause vorzuziehen. So bekommst du ein Gefühl dafür, wie viel Zeit und Pflege nötig ist, und kannst im nächsten Jahr entscheiden, wie viel mehr du dir zutraust. Es ist überhaupt keine Schande, sich Jungpflanzen im Gartencenter zu kaufen, im Gegenteil: Es ist wichtig, mit den eigenen Ressourcen gut zu haushalten, damit dir die Freude am Gärtnern erhalten bleibt!

Wozu sind Labels gut?

Eine Sache, die ich mir angewöhnt habe: Ich beschrifte jede einzelne Saatreihe und jede einzelne Pflanze. Am Anfang der Saison hat man noch einen genauen Plan, doch schnell wird nachgesät, eine Reihe keimt nicht, man rotiert die Bepflanzung. Und dann kommt der Moment, an dem man nicht mehr weiß, was wo wächst. Auch wenn du dir heute sicher bist, dass du dich daran erinnern wirst, verspreche ich dir: Spätestens nach ein paar Wochen ist das Chaos perfekt. Eine supergünstige Alternative zu teuren Pflanzenlabels sind Holz-Eisstiele aus dem Bastelladen oder Einweg-Holzbesteck.

MEIN TIPP Beschrifte sie mit Bleistift. Filzstift oder Edding werden schnell durch Sonne oder Regen unleserlich. Ich würde übrigens niemals Plastiklabel verwenden: Die Hälfte davon geht im Laufe der Saison verloren und bleibt im Boden. Deshalb halte ich auch nichts von zerschnittenen Joghurtbechern als Recycling-Labels. Sie sind zwar gut gemeint, aber in der Praxis leider unpraktisch.

Wie sinnvoll ist ein Pflanzplan?

Wenn du dir unsicher bist, wie du dein Beet planen sollst, lohnt sich ein Blick in entsprechende Apps. Viele davon zeigen dir nicht nur den richtigen Pflanzabstand, sondern auch gute und schlechte Beetnachbarn an. Wichtig bei der Planung ist auch der Erntezeitpunkt: Damit du auch im Herbst und Winter ernten kannst, sollten passende Kulturen direkt mit eingeplant werden. Ein persönlicher Tipp, der eigentlich selbstverständlich klingt, aber trotzdem schnell übersehen wird: Pflanze nur das Gemüse, das du wirklich gerne isst! Ich habe zum Beispiel jahrelang Mangold angebaut, obwohl ich Mangold nicht mag. Rückblickend war das natürlich Unsinn, aber damals habe ich mich einfach zu sehr an allgemeine Empfehlungen und vorgefertigte Pflanzpläne gehalten.

KAPITEL 7

PFLANZEN ERKENNEN

Gerade im Frühling, wenn neben der Gemüsekultur auch Unkräuter keimen und du sie noch schwer voneinander unterscheiden kannst, ist es hilfreich, die Blattformen der Keimblätter und das typische Aussehen einzelner Pflanzen unterscheiden zu können. Die folgende Liste ist zwar nicht vollständig, soll aber eine praktische Hilfe sein, damit du gängige Jungpflanzen im Beet besser erkennst.

Kräuter

Kräuter gehören für mich untrennbar zum Gemüsebeet dazu. Sie sind nicht nur praktisch, weil man jederzeit frische Gartenkräuter zur Hand hat, viele eignen sich auch hervorragend in der Mischkultur als Beetnachbarn. Umso wichtiger ist es daher, die kleinen, oft unscheinbaren Keimlinge frühzeitig von unerwünschtem Unkraut unterscheiden zu können.

Wie erkenne ich Basilikum?

Die Keimblätter des Basilikums ähneln denen von Salat, mit dem Unterschied, dass sie keine herzförmige Einkerbung haben, sondern halbkreisförmig wachsen. Die ersten echten Blätter sehen bereits wie Miniatur-Basilikumblätter aus.

Wie sehen die Keimblätter der Melisse aus?

Die Keimblätter von Melisse sind halbkreisförmig wie Basilikum. Die ersten richtigen Blätter sind bereits leicht gekerbt und weisen die typische Blattstruktur von Melisse auf.

In welcher Form wächst Petersilie heran?

Petersilie bildet zunächst unauffällige, längliche Keimblätter. Danach entwickeln sich winzige, gezackte Laubblätter, die der späteren Struktur und Form der ausgewachsenen Blätter bereits entsprechen.

Gemüse

Die Keimlinge von Gemüse variieren in Form und Größe. Kenne die spezifischen Merkmale der jungen Pflanzen, um ihre erfolgreiche Aufzucht zu garantieren und sie nicht versehentlich zu entfernen.

Wie sehen junge Bohnenpflanzen aus?

Bohnen kannst du gut daran erkennen, dass die zwei Hälften der gekeimten Bohne meist mit aus der Erde gedrückt werden und wie zwei Keimblätter am Stiel hängen. Sie fallen später ab.

Woran erkenne ich Erbsen?

Erbsenkeimlinge erinnern mit ihren rundlichen, gefiederten Blättern an Klee. Schon früh bilden sie dünne Ranken aus, die sich wie Fühler ausstrecken und nach Halt suchen.

Woran erkenne ich einen Karottenkeimling?

Karotten bilden sehr dünne, nadelartige Keimblätter. Danach folgt kraus gefiedertes Blattwerk.

Wie sieht ein Tomatenkeimling aus?

Tomaten bilden schmale, längliche Keimblätter. Die haarigen Stiele sind ein weiteres Erkennungsmerkmal.

Wie sehen Kartoffeln im frühen Stadium aus?

Kartoffeln treiben unter der Erde aus. Keimblätter sind nicht sichtbar, stattdessen erscheinen punktuelle Blattaustriebe an einzelnen Stellen. Oft keimen auch vergessene Kartoffeln aus dem Vorjahr spontan wieder aus, es ist also nicht unüblich, Kartoffeln an Stellen im Beet zu finden, wo du sie in diesem Jahr nicht gepflanzt hast.

Wie erkenne ich Kohlpflänzchen?

Die Keimblätter von Kohl ähneln stark denen von Salat und Radieschen: breit und herzförmig.

Wie sehen Keimlinge von Kürbisgewächsen (Gurke, Kürbis, Zucchini) aus?

Die Keimlinge von Kürbis, Gurke und Zucchini sehen sich alle sehr ähnlich, da sie zur gleichen Pflanzenfamilie gehören. Ihre Keimblätter sind dickfleischig, oval und dunkelgrün. Das erste Laubblatt entfaltet sich aus einer mittigen Falte.

Wie sehen junge Radieschenpflanzen aus?

Radieschen haben ähnlich wie Salat herzförmige, breite Keimblätter. Der Stiel unterhalb der Blätter hat bereits die Farbe, die das Radieschen später annehmen wird – meist rot.

Woran erkenne ich Salatkeimlinge?

Auf diesem Bild siehst du die Keimblätter von Asiasalat – die meisten Salate haben diese typische Form der breiten, herzförmigen Keimblätter.

Wie sieht Spinat als Jungpflanze aus?

Spinat erkennst du gut an seinen zwei langen, schmalen Keimblättern.

Wie sehen Zwiebeln als Jungpflanze aus?

Die Keimlinge von Zwiebeln und verwandten Pflanzen wie Lauch und Frühlingszwiebeln sehen aus wie lange, runde Halme. Oft wird beim Keimen die dunkle Samenhülle mit aus der Erde gedrückt, sie sitzt dann wie ein kleiner Hut auf der Spitze des Keimlings.

Blumen

Blumen locken Nützlinge an und sorgen für farbenfrohe Akzente im Beet. Genau wie Küchenkräuter sind sie häufig ideale Partner in der Mischkultur mit Gemüse. Umso wichtiger ist es, ihre zarten Keimlinge nicht mit Unkraut zu verwechseln, um die geplante Blütenpracht nicht schon beim Auflaufen der Saat zu gefährden.

Wie sieht Kapuzinerkresse als Jungpflanze aus?

Kapuzinerkresse bildet rundliche Keimblätter, die fast wie kleine Entenfüßchen aussehen. Die ersten Laubblätter sehen den Keimblättern sehr ähnlich, was die Pflanze leicht erkennbar macht.

Wie erkenne ich junge Studentenblumen?

Studentenblumen (Tagetes) bilden zwei länglich-ovale Keimblätter, je nach Sorte grünlich, rötlich oder meliert. Die ersten echten Blätter sind fein gezackt.

Woran erkenne ich Ringelblumen?

Die Keimblätter der Ringelblume (Calendula) sind oval und leicht länglich. Die ersten Laubblätter der Jungpflanze sind bodennah rosettenartig angeordnet, bevor der Stiel gebildet wird und die Blume in die Höhe wächst.

Wie sehen die Keimblätter der Malve aus?

Malven bilden markante, dreieckige bis herzförmige Keimblätter mit einem glatten Rand, im Unterschied zu ihren späteren Laubblättern, die eine unebene Struktur aufweisen.

Sachregister

T

U

V

W

Z

Pflanzenregister

Blumen

Gemüse

Kräuter

Beeren

Über die Autorin

Kai Meret Brieske, 1993 in Berlin geboren, ist eine leidenschaftliche Gemüsegärtnerin. Schon in ihrer Kindheit zeigte sie großes Interesse an der Natur. Mit fünf Jahren lautete ihr Berufswunsch sogar „Schneckenforscherin". Nach dem Abitur verbrachte sie ein Jahr auf dem Land in Dänemark. Bei ihrer Arbeit in einem sozialen Wohnprojekt erlernte sie dort auch Gemüseanbau zur Selbstversorgung. Das Pflanzen, Pflegen und Ernten im Gemüsebeet behielt immer einen großen Stellenwert für sie. Zudem hatte sie stets viel Freude am Austausch mit Menschen. So begann sie, ihre Erfahrungen, ihr Wissen und ihren Alltag aus dem Großstadtgemüsegarten als „ErnteExperte" auf Social Media mit einer inzwischen großen Online-Community zu teilen. Viele der ihr von den Follower*innen zugesandten Fragen beantwortet sie in diesem Buch.

Danksagung

Es ist nun zwei Jahre her, dass meine Reise als „Ernte-Experte" begann. Heute halte ich mein erstes Buch in den Händen, etwas, wovon ich damals nicht einmal zu träumen gewagt hätte. All das ist nur möglich geworden, weil meine Online-Community von Anfang an mit dabei war, meine Inhalte verfolgt, kommentiert, geteilt und mich damit motiviert hat, immer weiterzumachen. Besonders die vielen Direktnachrichten, in denen ihr mir schreibt, dass ich euch inspiriert habe oder dass ich euch beim Gärtnern helfen konnte, bedeuten mir unglaublich viel. Diese Stimmen sind für mich lauter und wichtiger als jeder Troll-Kommentar und die negativen Kommentare, die mich auch erreichen, und geben mir die Kraft und Motivation dranzubleiben. Ohne eure Unterstützung, eure Fragen und eure Begeisterung gäbe es dieses Buch nicht. Euch – meiner Community – danke ich von Herzen! Ich freue mich darauf, gemeinsam mit euch den weiteren Weg zu gehen und euch auch in Zukunft auf Social Media mitzunehmen.

EURE ERNTEEXPERTIN

Impressum

Bibliografische Information der Deutschen Bibliothek.

Die Deutsche Bibliothek verzeichnet diese Publikation in der Deutschen Nationalbibliografie. Detaillierte bibliografische Daten sind im Internet über http://www.dnb.de abrufbar.

Bei Fragen zur Produktsicherheit wenden Sie sich an:

Edition Michael Fischer GmbH
Kistlerhofstr. 70
81379 München
kontakt@emf-verlag.de

EIN BUCH DER EDITION MICHAEL FISCHER
1. Auflage 2026

MIX
Papier | Fördert gute Waldnutzung
FSC® C145070
FSC www.fsc.org

Cover, Layout & Satz: Silvia Keller
Projektmanagement: Saskia Hauck, Anneliese Roth
Lektorat: Katharina Raub

BILDNACHWEIS: Fotografien: © Shutterstock: S. 12: Tatevosian Yana; S. 15: Rebel Red Runner; S. 19: Lubos Chlubny; S. 20: ThamKC; S. 22: spiegel_ka; S. 23: VVVproduct; S. 24: Martin Gaal; S. 26: Oleksii Synelnykov; S. 28, 94: FotoHelin; S. 30, 63: tanitost; S. 31: encierro; S. 35: /LianeM; S. 37: /Okrasiuk; S. 38: /Ejsmont; S. 39: /William Edge; S. 40: /bonn bonn foto; S. 41: /t.sableaux; S. 42: /yul38885; S. 43: Ingrid Balabanova; S. 46: S. Head; S. 47: Vam1ist; S. 50: tchara; S. 51: Darya Komarova; S. 56: vesnakostic; S. 57: alfredhofer; S. 58: STEKLO; S. 59: Carmina_Photography; S. 60: ri-lo; S. 61, 89, 109: Miriam Doerr Martin Frommherz; S. 65: Rene Notenbomer; S. 67 links: Rohane Hamilton; S. 67 rechts: Irina Zharkova31; S. 71: swissdrone; S. 74 Bamian; S. 77: Nataliia Kuznetcova; S. 80: Steve Cymro; S. 82: Tomasz Klejdysz; S. 84 oben, 148: Wirestock Creators; S. 84 unten, 91: Manfred Ruckszio; S. 85 oben: Oleg Kovtun Hydrobio S. 85 unten: Paul Burr; S. 87: Flystock; S. 88: juefraphoto; S. 95: Svitlana Riabova; S. 98: Graham Corney; S. 99: Dev_Maryna; S. 103, 105: JulieK2; S. 107: Doikanoy; S. 110: Kelly Marken; S. 114: OleJohny; S. 115: Elena Masiutkina; S. 117 oben: Jurga Jot; S. 117 unten: ZCOOL HelloRF; S. 125: Inga Gedrovicha; S. 126: umaimon; S. 129: Trong Nguyen; S. 130 oben: haireena; S. 130 unten: Ivabalk; S. 131: sirirak kaewgorn; S. 133: k1tyara; S. 136: J.J. Gouin; S. 138: KajaHiis; S. 139: Keith 316; S. 140, 145: Paul Maguire; S. 142: Tatiana_Pink; S. 143: Ermak Oksana; S. 149: JPC-PROD; S. 154: S.O.E; S. 155: pawel_ka_foto; S. 156: Nancy J. Ondra; S. 159: VVVproduct; S. 165: knelson20; S. 167: Sergey Dudikov; S. 168: LianeM; S. 170: Media Marketing; S. 172: Stefan_Sutka; S. 177: Oleksandr Filatov; S.178: Irina Kozorog; S. 182: VH-studio; S. 182: ARTFULLY PHOTOGRAPHER; S. 183 oben: TG23; S. 183 unten: Verbitskaya Svetlana; S. 184: ThatHolisticMom888; S. 187: Jane Vershinin; S. 189: ramontimofte; S. 190: sohan3512; S. 191: OlgaPonomarenko; S. 192: thoughtsofjoyce; S. 193 oben: Faruh_art; S. 193 unten: simona pavan; S. 194: Carolina MaBe; S. 195: Natalia Kokhanova; S. 196: Kostenko Maxim; S. 199, 210: butterfly's dream; S. 205: Steidi; S. 206: alesanko rodriguez; S. 215: P.Anastasiya; S. 217: Joanne Dale; S. 219: Stephanie Frey; S. 223: KieferPix; S. 225 oben: DyziO; S. 225 unten: Orest lyzhechka; S. 227: JoannaTkaczuk; S. 229 oben: Olha Pavlenko; S. 229 Mitte: Ahmad Suleman | Alle weiteren Fotos von Kai Meret Brieske und Unsplash.

Illustrationen von Unsplash, ausgenommen S. 1: Kira Klütsch, Umschlag, S. 2–5, 8, 10, 33, 52, 55, 72, 73, 93, 100, 101, 110, 131, 157, 212, 213, 223, 232, 235, 236: © Shutterstock/Rawpixel.com; S. 7, 92, 220, 221, 223: © Shutterstock/Fiery Phoenix; S. 17: © Shutterstock/Anshuman Rath.

ISBN 978-3-7459-3222-5

www.emf-verlag.de